国家核安全局经验反馈集中分析会丛书

核动力厂燃料组件的专题研究

生态环境部核与辐射安全中心　著

U0252158

中国环境出版集团·北京

图书在版编目（CIP）数据

核动力厂燃料组件的专题研究 / 生态环境部核与辐射安全中心著. －－北京：中国环境出版集团，2024.10. －－（国家核安全局经验反馈集中分析会丛书）.

ISBN 978-7-5111-6006-5

Ⅰ．TL352

中国国家版本馆 CIP 数据核字第 20240JE941 号

责任编辑　董蓓蓓
封面设计　彭　杉

出版发行　中国环境出版集团
　　　　　（100062　北京市东城区广渠门内大街 16 号）
　　　　　网　　　址：http://www.cesp.com.cn
　　　　　电子邮箱：bjgl@cesp.com.cn
　　　　　联系电话：010-67112765（编辑管理部）
　　　　　发行热线：010-67125803，010-67113405（传真）
印　　刷　北京中献拓方科技发展有限公司
经　　销　各地新华书店
版　　次　2024 年 10 月第 1 版
印　　次　2024 年 10 月第 1 次印刷
开　　本　787×1092　1/16
印　　张　10.25
字　　数　200 千字
定　　价　89.00 元

中国环境出版集团郑重承诺：
中国环境出版集团合作的印刷单位、材料单位均具有中国环境标志产品认证。

编著委员会
THE EDITORIAL BOARD

序
PREFACE

《中共中央 国务院关于全面推进美丽中国建设的意见》进一步阐明，为实现美丽中国建设目标，要积极稳妥推进碳达峰碳中和，加快规划建设新型能源体系，确保能源安全。核能，在应对全球气候变化、保障国家能源安全、推动能源绿色低碳转型方面展现出其独特优势，在我国能源结构优化中扮演着重要角色。

安全是核电发展的生命线，党中央、国务院高度重视核安全。党的二十大报告作出积极安全有序发展核电的重大战略部署，全国生态环境保护大会要求切实维护核与辐射安全。中央领导同志多次作出重要指示批示，强调"着力构建严密的核安全责任体系，建设与我国核事业发展相适应的现代化核安全监管体系"，"要不断提高核电安全技术水平和风险防范能力，加强全链条全领域安全监管，确保核电安全万无一失，促进行业长期健康发展"。

推动核电高质量发展，是落实"双碳"战略、加快构建新型能源体系、谱写新时代美丽中国建设篇章的内在要求。我国核电产业拥有市场需求广阔、产业体系健全、技术路线多元、综合利用形式多样等优势。在此基础上，我国正不断加大核能科技创新力度，为全球核能发展贡献中国智慧。然而，我们也应当清醒地认识到，我国核电产业链与实现高质量发展的目标还有一定差距。

"安而不忘危，存而不忘亡，治而不忘乱。"核安全是国家安全的重要组成部分。与其他行业相比，核行业对安全的要求和重视关乎核能事业发展，关乎公众利益，关乎电力保障和能源供应安全，关乎社会稳定，关乎国家未来。只有坚持"绝对责任，最高标准，体系运行，经验反馈"，始终把"安全第一、质量第一"的根本方针和纵深防御的安全理念扎根于思想、体现于作风、落实于行动，才能确保我国核能事业行稳致远。

高水平的核安全需要高水平的经验反馈工作支撑。多年来，国家核安全局致力于推动全行业协同发力的经验反馈工作，建立并有效运转国家层面的核电厂经验反馈体系，以消除核电厂间信息壁垒、识别核电厂安全薄弱环节、共享核电厂运行管理经验，同时整合核安全监管资源、提高监管效能。经过多年努力，核电厂经验反馈体系已从最初有限的运行信息经验反馈，发展为全面的核电厂安全经验反馈相关监督管理工作，有效提升了我国核电厂建设质量和运行安全水平，为防范化解核领域安全风险、维护国家安全发挥了重要保障作用。与此同时，国家核安全局持续优化经验反馈交流机制，建立了全行业高级别重点专题经验反馈集中分析机制。该机制坚持问题导向，对重要共性问题进行深入研究，督促核电行业领导层统一思想、形成合力，精准施策，切实解决核安全突出问题。

"国家核安全局经验反馈集中分析会丛书"是国家核安全局经验反馈集中分析研判机制一系列成果的凝练，旨在从核安全监管视角，探讨核电厂面临的共性问题和难点问题。该丛书深入探讨了核电厂的特定专题，全面审视了我国核电厂的现状，以及国外良好实践，内容丰富翔实，具有较高的参考价值。书中凝聚了国家核安全监管系统，特别是国家核安全局机关、核与辐射安全中心和业内各集团企业相关人员的智慧与努力，是集体智慧的成果！丛书的出版不仅展示了国家核安全局在经验反馈方面的深入工作和显著成效，也满足了各界人士全面了解我国核电厂特定领域现状的强烈需求。经验，是时间的馈赠，是实践的结晶。经验告诉我们，成功并非偶然，失败亦非无因。丛书对于核安全监管领域，是一部详尽的参考书；对于核能研究和设计领域，是一部丰富的案例库；对于核设施建设和运行领域，是一部重要的警示集。希望每位核行业的从业者，在翻阅这套丛书的过程中，都能有所启发，有所收获，有所警醒，有所进步。

核安全工作与我国核能事业发展相伴相生，国家核安全局自成立以来已走过四十年的光辉历程。核安全所取得的成就，得益于行业各单位的认真履责，得益于行业从业者的共同奋斗。全面强化核能产业核安全水平是一项长期而艰巨的系统工程，任重而道远。雄关漫道真如铁，而今迈步从头越。迈入新时代新征程，我们将继续与核行业各界携手奋进，坚定不移地锚定核工业强国的宏伟目标，统筹发展和安全，以高水平核安全推动核事业高质量发展。

　　是以为序。

生态环境部副部长、党组成员

国家核安全局局长

2024 年 9 月

前言
FOREWORD

习近平总书记在党的二十大报告中指出"高质量发展是全面建设社会主义现代化国家的首要任务",强调"统筹发展和安全""以新安全格局保障新发展格局""积极安全有序发展核电",为新时代新征程做好核安全工作提供了根本遵循和行动指南。新征程上,我们要深入学习贯彻习近平新时代中国特色社会主义思想,以总体国家安全观和核安全观为遵循,加快构建现代化核安全监管体系,切实提高政治站位,站在维护国家安全的高度,充分认识核电安全的极端重要性,全面提升监管能力水平,以高水平监管促进核事业高质量发展。

有效的经验反馈是保障核安全的重要手段,是提升核安全水平的重要抓手。经过多年不懈努力,国家核安全局逐步建立起一套涵盖核电厂和研究堆、法规标准较为完备、机制运转流畅有效、信息系统全面便捷的核安全监管经验反馈体系。经验反馈作为我国核安全监管"四梁八柱"之一,真正起到了夯实一域、支撑全局的作用。近年来,为贯彻落实党的二十大和全国生态环境保护大会精神,国家核安全局坚持守正创新,在经验反馈交流机制方面有了进一步的创新发展,建立并运转经验反馈集中分析机制。通过对核安全监管热点、难点和共性问题进行专题探讨,督促核电行业同题共答、同向发力,有效推动问题的解决。

核电是 20 世纪核技术造福人类的伟大成就之一,燃料组件是反应堆的核心部件,其基本功能是包容燃料和裂变产物,实现核燃料的链式裂变反应,并将核能转化为热能。燃料组件主要由燃料棒、定位格架、导向管、上管座、下管座等部件组成,其中燃料棒包壳是阻止放射性物质向外扩散的重要安全屏障。提高燃料组件的安全性和可靠性,对保障核安全具有重大意义。

20 世纪 60 年代后期，核反应堆迎来快速发展阶段，逐步形成了多种反应堆类型，与之适应的燃料组件设计也多种多样，其应用得到了快速发展。为了确保我国核燃料供应链的自主可控，近年来，我国在燃料国产化能力建设和自主品牌燃料产品开发方面开展了大量工作，并重点以自主品牌燃料研发工作带动完整的自主燃料供应能力建设和完善。

本书对燃料系统相关信息进行系统梳理，在分析研究燃料组件的发展历程和现状、燃料组件设计基准、燃料组件研发等内容的基础上，总结燃料系统的工程特性、良好实践以及可能面临的困难和挑战，同时通过总结国内外燃料系统损伤的经验，梳理燃料系统损伤的原因和机理，研究其对核安全的影响，提出预防缓解措施及建议，为后续制定更加合理、有效、完善的监管方案提供参考，以尽可能降低燃料系统损伤带来的安全风险，保障核电厂的安全运行。本书为关心核电厂燃料组件的从业者提供参考，也有助于关心核电的读者了解核电厂反应堆所用的核燃料组件的基本技术。

本书共 8 章。第 1 章由郑继业、肖红编写；第 2 章由付浩、孙微编写；第 3 章由肖红、冯进军编写；第 4 章由郑继业、陈召林编写；第 5 章由肖红、孙微编写；第 6 章由郑继业、陈芙梁编写；第 7 章由肖红、郑丽馨编写；第 8 章由付浩、鲍杰编写。全书由郑继业、肖红、付浩进行统稿，由依岩、李娟进行校核，严天文、柴国旱、殷德健对全书进行了审核把关。

本书在编写过程中获得了生态环境部（国家核安全局）的大力支持。同时，对中核集团、中广核集团、国家电投集团、中国华能集团等相关单位的支持，以及侯伟、张琳、焦拥军、李志军等人的辛勤付出表示衷心感谢！

本书在撰写过程中对核动力厂燃料组件的各种类型、发展历程和现状、研发、设计、制造、法规标准要求，国内外燃料系统损伤及经验反馈等内容开展了广泛、深入的调研，虽竭尽所能，但毕竟学识水平有限，书中难免存在疏漏或不妥之处，深切希望关注核安全的社会各界人士、专家、学者以及对本书感兴趣的广大读者不吝赐教、批评指正。

编写组

2024 年 8 月

目 录
CONTENTS

第 1 章 引 言 / 1

    1.1 燃料组件 / 3

    1.2 相关组件 / 13

第 2 章 燃料组件的发展历程和现状 / 21

    2.1 美国燃料组件的发展历程和现状 / 23

    2.2 法国燃料组件的发展历程和现状 / 26

    2.3 俄罗斯燃料组件的发展历程和现状 / 36

    2.4 我国燃料组件的发展历程和现状 / 37

第 3 章 燃料组件的设计基准 / 45

    3.1 燃料系统损伤 / 47

    3.2 燃料棒失效 / 48

    3.3 燃料可冷却性 / 51

第 4 章 燃料组件设计的法规标准 / 53

    4.1 锆合金材料法规标准 / 55

    4.2 包壳法规标准 / 62

    4.3 燃料组件法规标准 / 65

第 5 章　燃料组件的研发 / 73

　　5.1　燃料组件的研发流程 / 75

　　5.2　锆合金材料研发 / 76

　　5.3　燃料组件结构设计与分析 / 80

　　5.4　燃料组件堆内设计验证 / 86

第 6 章　燃料组件的制造 / 95

　　6.1　燃料组件制造总体情况 / 97

　　6.2　燃料组件制造主要工艺 / 102

第 7 章　燃料系统损伤及经验反馈 / 109

　　7.1　燃料棒破损 / 111

　　7.2　燃料组件损伤 / 133

　　7.3　相关组件损伤 / 137

第 8 章　展望 / 143

　　8.1　锆材国产化 / 145

　　8.2　先进核燃料组件的研制 / 146

参考文献 / 148

第1章

引 言

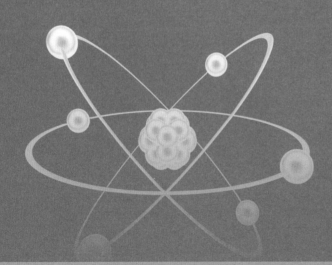

20 世纪 60 年代后期，核反应堆迎来快速发展阶段，逐步形成了多种反应堆类型，与之适应的燃料组件设计也多种多样，其应用得到了快速发展。我国目前的核动力厂反应堆堆型主要有：压水堆（轻水堆），大多采用 17×17 棒束型燃料组件，VVER 堆型采用六边形燃料组件（331 根燃料棒），秦山一期采用 15×15 棒束型燃料组件；CANDU6（重水堆），主要采用由 37 根燃料棒组成的棒束燃料元件；球床高温气冷堆，主要采用球形燃料元件。其中，17×17 棒束型燃料组件在国内应用最为广泛，本书提到的燃料组件主要为这种类型。

核动力厂压水堆燃料系统主要包括燃料组件和相关组件（控制棒组件、中子源组件、可燃毒物组件、阻流塞组件等），本节简要介绍其结构和功能。

1.1　燃料组件

燃料组件是反应堆的核心部件，其基本功能是包容燃料和裂变产物，实现核燃料的链式裂变反应，并将核能转化为热能。将装有核燃料的燃料棒与其他部件一起组成满足功能要求的精密的燃料棒束并规则地布置在反应堆中，这种燃料棒束就是燃料组件，它是在堆芯装料和卸料过程中不拆开的一组燃料元件。

对应于不同的压水堆，虽然燃料组件的零件结构、组件长度、燃料棒数量有所不同，但其整体结构基本相同。其中，17×17 棒束型燃料组件在国内乃至全球范围内应用最为广泛。图 1-1 为该类型燃料组件示意图，它由 17×17 正交排列的方形支撑结构（骨架）及 264 根燃料棒组成。骨架由 24 根导向管、1 根仪表管、上/下管座、8 个定位格架（2 个端部格架、6 个搅混格架）和 3 个中间搅混格架组成，中间搅混格架分布在第 4 到第 6 跨中间。将控制棒导向管、中子通量测量管与定位格架焊接在一起，上、下管座用螺钉与控制棒导向管连接起来，构成可拆式骨架。

264 根燃料棒插入定位格架，由定位格架支撑，弹簧片夹持，以保持燃料棒的间距。燃料组件的上、下管座均设有定位销孔，燃料组件装入堆芯时将这些定位销孔与堆芯上、下栅格板上的定位销相配合，使组件在堆芯中按一定间距定位。上管座装有压紧弹簧，使燃料组件承受轴向压紧力，防止冷却剂自下向上流动的冲力引起组件窜动，同时可以补偿热态下各种结构材料的热膨胀，并减少在突然的外来载荷（包括地震）作用下燃料组件所承受的冲击载荷。

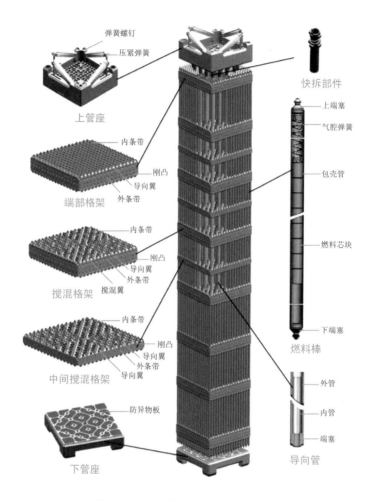

图 1-1   17×17 棒束型燃料组件示意图

1.1.1   燃料棒

燃料棒由两端加端塞密封的包壳管和包含在其内部的由弹簧限位的可裂变芯块组成。燃料棒靠定位格架栅元中的弹性部件夹持在骨架中，保持相互间的横向间距并呈17×17的正方形排列。燃料棒端部与上、下管座之间留有足够的轴向间隙，以容纳运行期间燃料棒的辐照生长。燃料棒包壳的上端塞上有一个气孔，制造时通过它向燃料包壳内充氦气，以减小燃料棒放入堆芯后冷却剂压力对包壳形成的压应力。典型的燃料棒装有 271 块 UO_2 燃料芯块，这些芯块叠放在壁厚 0.57 mm 的包壳中，两端焊封端塞，构成长 3 867.1 mm、外径 9.5 mm 的燃料棒，其中芯块区（即活性区）长度为 3 657.6 mm。

　　燃料棒内预留有足够容纳燃料释放出的裂变气体的容积。包壳与燃料芯块之间留有间隙，允许包壳和燃料芯块的不同热膨胀和辐照肿胀，减少包壳超应力的风险。在燃料芯块的上部有一个不锈钢压紧弹簧，它防止燃料装卸操作或运输过程中燃料芯块在包壳内窜动，以及允许芯块高温辐照后沿轴向肿胀。

　　燃料棒由燃料芯块、燃料包壳、贮气腔压紧弹簧、上端塞和下端塞等组成，如图1-2所示。

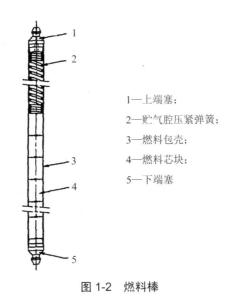

1—上端塞；
2—贮气腔压紧弹簧；
3—燃料包壳；
4—燃料芯块；
5—下端塞

图1-2　燃料棒

（1）燃料芯块

　　燃料芯块采用低富集度的短圆柱状烧结 UO_2 陶瓷块（直径和高度分别为 8.192 mm 和 13.46 mm），密度为 95%TD（TD 表示理论密度，几何密度为 10.41 g/cm^3），芯块两端为浅碟形（碟深为 0.305 mm，碟形球面直径为 14.90 mm）并倒角（倒角深度/宽度为 0.195 mm/0.57 mm），以补偿膨胀差和减轻 PCI（芯块-包壳相互作用）效应。图 1-3 为燃料芯块。

　　燃料芯块由低富集度的 UO_2 粉末经冷压，在 1 700℃高温下烧结成短圆柱状陶瓷块，燃料芯块最高工作温度应低于 UO_2 的熔点。

图 1-3   燃料芯块

（2）燃料包壳

燃料包壳容纳 UO_2 燃料芯块，将燃料与环境隔离开，并包容裂变气体。它是防止放射性外逸的第一道屏障，其外径为 9.5 mm，厚度为 0.57 mm。包壳材料是再结晶状态的 M5 合金，其合金材料主要成分为锆（Zr），其他成分为 0.8%～1.2%的铌（Nb）、0.9%～1.6%的 O，以及 Fe、Cr、S 等杂质。

Zr 的优点包括：

①几乎不吸收中子；

②具有良好的机械性能（抗蠕变性和良好的延展性）；

③只有很少的氚穿过 Zr 管被扩散；

④正常运行时，与水不发生反应；

⑤熔点高（1 800℃）。

此外，近几年各燃料制造厂在实践中优化了中间热处理时间和温度、用内表面酸冲刷代替了喷砂、在超声波检验基础上又增加了涡流检验、将密封焊缝改用全自动检查等，进一步提高了燃料包壳的质量和可靠性。

（3）贮气腔压紧弹簧

贮气腔压紧弹簧为螺旋形，由 302 不锈钢制成，置于燃料棒贮气腔内，其自由长度为 220.5 mm，圈数为 43 圈，外径为 7.90 mm，弹簧丝直径为 1.445 mm，弹簧两端各有 4 圈并圈。设计满足初始预紧力不低于燃料柱重量的 4 倍，运行期间避免螺旋圈接触，每厘米至少有 2 圈有效，寿期初热态工况下，弹簧与包壳管的间隙最小和最大分别为 0.025 mm 和 0.50 mm，插入上端塞时，弹簧不得失稳，并能在塑性范围内工作。

（4）上端塞和下端塞

上端塞和下端塞均由退火状态的 Zr-4 合金制成，长度分别为 14.1 mm 和 14.5 mm，管外长度分别为 10.3 mm 和 11.7 mm。内部插入包壳管，有足够的长度保证焊接时管与端塞的准直度。外部带操作凸台，可由操作设备上的钩爪锁固，以便将燃料棒拉进或拉出燃料组件骨架。端塞外部锐边倒钝。端塞和包壳之间的环缝采用全穿透焊接，以确保将端塞受到的拉力传递到包壳管整个截面上。上端塞沿轴线钻有圆孔，圆孔上段缩径，抽气充氦后进行密封焊。

1.1.2 导向管和仪表管

导向管是燃料组件骨架的重要组成部分，其主要功能包括：

①将管座和定位格架连接起来，为燃料组件结构的连续性提供保证；

②为相关组件棒（控制棒、可燃毒物棒、阻流塞棒、初级中子源棒、次级中子源棒）提供插入通道；

③为事故发生时保护停堆快速落棒的行程末端提供缓冲，导向管的下段在第一格架和第二格架之间直径缩小，在紧急停堆时，当控制棒在导向管内下落接近其行程底部时，缩径段起缓冲作用；

④为插入导向管中的相关组件棒提供足够的冷却剂流量，防止在正常条件下发生体积沸腾，离导向管缓冲段的过渡段以上不远的管壁设有流水孔，以便正常运行时冷却剂流入管内冷却相关组件棒，以及控制棒紧急下落时水能够从管内排出。

仪表管一般位于燃料组件的中央，用于配合开展堆内测量，其主要功能是供堆内通量测量套管插入，并提供足够的冷却剂流量，防止在正常条件下发生体积沸腾。

国内广泛使用的 AFA 3G 燃料组件共有 24 根导向管和 1 根仪表管，VVER 燃料组件的对应数量分别是 18 根和 1 根。

对于 AFA 3G 燃料组件，每个燃料组件有 24 根对称布置的导向管和 1 根在中央的仪表管，导向管为控制棒和仪表管的插入和提出提供了导向通道。其材料为 Zr-4 合金或 M5 合金，其外径和壁厚分别为 12.45 mm 和 0.5 mm，但是导向管下部有一段缩径段（缓冲段），位于第一格架和第二格架之间，内径和壁厚分别为 10.09 mm 和 1.18 mm。在紧急停堆时，当控制棒在导向管内下落接近其行程底部时，缩径段起缓冲作用。缓冲段的过渡段呈锥形，以避免管径过快地变化。离过渡段上部不远的管壁设有流水孔，以便正常运行时冷却剂流入管内冷却控制棒，以及控制棒紧急下落时水能够从管内排出。缓冲段下方在底层定位格架处，管子扩径至正常管径，使管子与定位格架焊接相连。图 1-4 和图 1-5 是导向管与定位格架和上、下管座连接示意图。

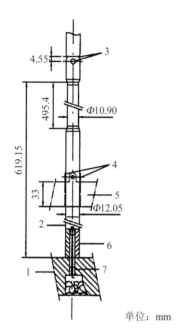

单位：mm

1—下管座；2—导向管；3—流水孔；
4—焊点；5—定位格架；6—Zr-4 端塞；
7—不锈钢裙边螺钉

图 1-4　导向管与格架和下管座连接

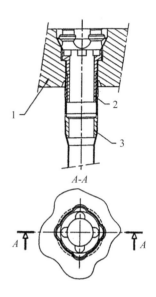

A-A

1—上管座；2—不锈钢裙边螺钉；
3—Zr-4 套管

图 1-5　导向管与上管座连接

1.1.3　上管座及其压紧部件

上管座是燃料组件骨架结构的顶部连接构件。由上孔板、侧板、顶板、4 个板式弹簧和相配的零件组成。上孔板是一块正方形不锈钢板，上面有许多长方形流水孔和对应控制棒导向管的圆孔（带梅花瓣凹窝），控制棒导向管上端就固定在上孔板上。上孔板上的流水孔布置成能防止燃料棒从燃料组件中向上弹出的形式。侧板是一个方形薄壁壳体，与上孔板和顶板焊接成一体，构成空腔，容纳可动式相关组件的星形架（连接柄）和固定式相关组件的压紧部件，并引导冷却剂向上流动。顶板是中心带孔的方板，中心孔方便控制棒束通过。顶板上设有两个定位销孔，与堆芯上栅格板的定位销相配，以便燃料组件顶部与上栅格板定位和对中。顶板上有一个识别孔，以确认燃料组件的方位。4 个板式弹簧通过锁紧螺钉固定在顶板上，弹簧的一端向上突出燃料组件，其下部弯曲朝下，插入顶板的键槽内。在上部构件装入堆内时弹簧被堆芯上栅格板压下，产生足够的压紧力以抵消冷却剂的水流冲力。同时补偿了燃料组件和堆内构件之间不同的膨胀及燃料组件的辐照生长。此外，燃料组件在制造厂内搬运和运往使用现场的运输过程中，上管座也为燃料组件的相关部件提供保护作用。

上管座的主要功能包括：

①确定燃料组件相对于堆芯上板的位置和燃料组件的栅距；

②确定导向管和仪表管的位置；

③抵抗水力提升力和适应燃料组件长度相对于堆芯上、下板之间距离的变化，并将产生的力传递给燃料组件；

④为装卸工具提供抓取部位；

⑤装卸料时对燃料组件起导向和保护作用；

⑥防止燃料棒通过上孔板事故弹出；

⑦分配流量，在满足上孔板应力准则的条件下，尽可能地增大过水面积，减小压降；

⑧在易观测表面设置燃料组件标识等。

在上管座设计用材方面，除4个板式弹簧及其固定弹簧螺钉用因科镍-718制造外，其余零件均由304L不锈钢制造。图1-6为上管座示意图。

图 1-6　上管座示意图

1.1.4　下管座及其滤网

下管座是燃料组件骨架结构的底部连接构件，是一个正方形箱式结构，由下孔板、

4 个支撑柱（带支撑板）和滤网组成。下孔板为正方形，其上的圆形流水孔位于燃料棒之间，使冷却剂能够顺畅流过以冷却燃料棒，并且不致使燃料棒通过下孔板脱出。带支撑板的 4 个支撑柱分别焊接在正方形下孔板的 4 个角上，构成冷却剂流向燃料组件的空腔，并且对角线上的两个支撑柱有定位销孔与堆芯下板上的定位销相配装，确保燃料组件在堆芯中处于正确位置。滤网装在下孔板的下侧，防止杂物进入堆芯损坏燃料组件。下孔板与控制棒导向管下端用螺钉连接并焊接（图 1-7）。

下管座的主要功能包括：

①确定燃料组件相对于堆芯下板的位置和燃料组件的栅距；

②对一回路冷却剂进行异物过滤；

③支撑燃料组件，将力传递给堆芯下板；

④在堆芯装卸料和转运期间，对燃料组件起导向和保护作用；

⑤防止燃料棒通过下孔板脱出；

⑥分配流量，在满足下孔板机械完整性的前提下，尽可能保证过水面积最大，降低压降。

在下管座设计用材方面，除滤网由因科镍-718 制造外，其余零件均由 304L 不锈钢制造。图 1-8 为下管座示意图。

图 1-7　下孔板与控制棒导向管下端的连接

图 1-8　下管座示意图

1.1.5　格架

定位格架是支撑燃料棒，确保燃料棒径向定位，以及加强燃料棒刚性的一种弹性构件。它由许多 Zr-4 合金或 M5 合金的条带相互插配经钎焊而组成 17×17 栅格,图 1-9 为结构定位格架,图 1-10 为半跨距中间搅混格架。

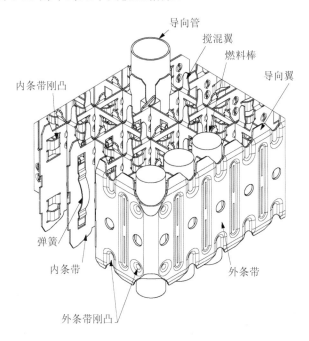

图 1-9 结构定位格架

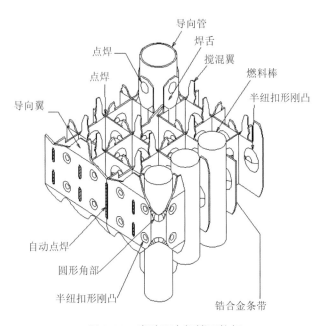

图 1-10 半跨距中间搅混格架

每组燃料组件沿燃料棒长度以规定的间隔设置 8 层结构定位格架，组件中间 6 层定位格架带搅混翼，它从条带的边缘伸到冷却剂通道中，促进冷却剂交混，组件两端 2 层定位格架不带搅混翼，而其他都是相同的。定位格架外围带有导向翼，在装卸料操作时防止相互钩挂。

每层定位格架均由装有因科镍-718 弹簧夹（有单双之分）的 Zr-4 合金或 M5 合金条带互插焊成 17×17 方形栅元的结构件，条带上设置有弹簧片、支承凸台和混流翼片。在定位格架的每个栅元中，燃料棒由两边的弹簧顶在另两边的两个刚性凸台上，其共同作用力使燃料棒保持在中心位置。格架对燃料棒的约束力要足以使其不能窜动，但又不能对包壳产生过大的压力。定位格架要允许燃料棒轴向热膨胀，其约束力不会大到使燃料棒发生弯曲或变形。定位格架由 32 条内条带和 4 条外条带制成，形成 289 个栅元，其中 264 个栅元容纳燃料棒。内条带靠其上的沟槽互插啮合焊在一起。4 条外条带包于互插内条带的周围，从而形成了格架的边缘栅元。外条带端部避开 4 个角焊接连接，使格架在装卸及运输过程中能够保护燃料棒。定位格架的外条带上、下缘均有延伸出来的导向翼，其顶端稍向燃料组件内倾斜。这种设计，除在装卸料时防止与相邻燃料组件发生钩挂外，还起到部分搅混冷却剂的作用。

在格架栅元中，燃料棒一边由弹簧施力，另一边顶住条带上冲出的两个刚性凸起，使燃料棒保持在中心位置。弹簧力由跨夹在条带上的因科镍-718 制成的弹簧夹产生。弹簧夹由因科镍-718 片冲成开口环制成，跨夹在条带上夹紧定位，并在其上、下两个贴合面靠自身点焊连接，形成两个相背的弹簧分别顶住相邻栅元的两根燃料棒。这样，弹簧作用在条带上的力自然抵消了，也就减少了格架的应力。另外，弹簧夹有单双之分，是因为外条带上只有刚性凸起以及在导向管和仪表管的 25 个栅元内不需要弹簧。

定位格架的主要功能有：

①夹持燃料棒为其提供轴向和横向支撑；

②保持燃料棒处于格架栅元中心位置，保证燃料棒间间距正常；

③使导向管和仪表管受到横向支撑和定位；

④增加冷却剂搅混和改进燃料棒传热；

⑤易于进行燃料组件装卸操作和不致发生钩挂现象；

⑥易于装卸燃料棒而不损伤定位格架的完整性等。

除定位格架外，不同的燃料组件类型因功能需求设置有端部格架、中间搅混格架、保护格架等。

总体来说，燃料组件的功能是对燃料棒起定位、支撑和保护作用，并为相关组件（控制棒组件、初级中子源组件、次级中子源组件、可燃毒物组件、阻流塞组件）和堆内探测器提供必要的插入通道，确保燃料棒结构完整，同时保证对反应堆进行有效控制和监测。

燃料组件一般须满足以下设计功能：

①产生能量；

②尽量减少中子俘获；

③将能量传递到冷却剂；

④允许控制棒插入；

⑤允许下部安装的仪表插入；

⑥包容燃料和裂变产物；

⑦便于后处理；

⑧允许组件修复；

⑨保持燃料组件在堆芯内的位置；

⑩为堆芯内燃料组件提供横向支撑；

⑪支撑组件中的燃料棒；

⑫防止燃料棒弹出；

⑬抵抗水力提升力；

⑭能够运输和吊装；

⑮抵抗极限事故工况；

⑯限制燃料棒包壳破损的数量；

⑰抗化学腐蚀和辐照引起的损伤；

⑱允许燃料棒膨胀和轴向生长；

⑲允许燃料组件生长；

⑳减少流致振动；

㉑防止燃料组件由于异物引起损伤。

1.2 相关组件

除燃料组件外，为有效控制反应堆运行并确保安全性，堆芯内还布置有相关组件（直接与燃料组件相关的组件），包括控制棒组件、中子源组件、可燃毒物组件和阻流塞组件。其中，控制棒组件为移动式相关组件，其余相关组件为固定式相关组件。中子源组件又分一次或初级中子源组件和二次或次级中子源组件。

1.2.1 控制棒组件

控制棒组件是一种快速控制反应性的工具，在正常运行时用于调节反应堆功率，在事故工况下快速引入负反应性，使反应堆紧急停堆，保证核安全。控制棒组件由星形架和吸收剂棒组成，如图 1-11 所示。星形架是吸收剂棒的支承结构，用不锈钢制成，它的

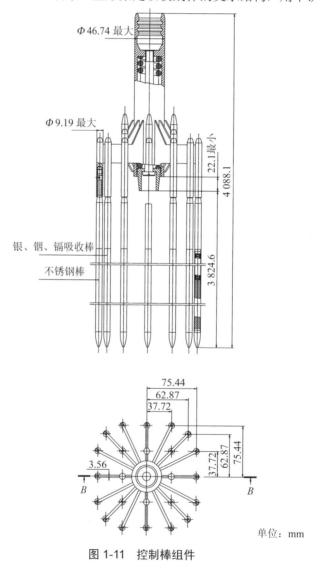

单位：mm

图 1-11　控制棒组件

中央是一个连接柄，其内部通过丝扣与控制棒驱动机构驱动杆上的可拆接头相连接。连接柄下端装有弹簧组件，当控制棒快速下落时，弹簧可起缓冲作用，减小控制棒组件对燃料组件的撞击。以连接柄为中心呈辐射状装有 16 个连接翼片，每个翼片上装有 1 个或 2 个指状杆，每个指状杆带一根吸收剂棒，通过螺旋固定，然后用销钉紧固。控制棒组件分为黑体控制棒组件和灰体控制棒组件，黑体控制棒组件由 24 根含有银、铟、镉的吸收剂棒固定在星形架指状杆上组成。灰体控制棒组件由 16 根含有不锈钢的弱吸收剂棒和 8 根含有银、铟、镉的吸收剂棒固定在星形架指状杆上组成。每组控制棒组件中两种控制棒的数量由堆芯核设计方案确定。

控制棒组件具有用于反应堆启动、停堆、调节堆功率和保护反应堆的功能，具体表现为：

①在反应堆运行期间提供堆芯反应性控制，以调节堆功率、冷却剂温度或硼浓度；

②通过将控制棒逐步插入燃料组件实现正常停堆；

③靠自身重力将控制棒快速插入燃料组件实现紧急停堆，落棒时间满足堆芯安全分析规定的时间要求；

④支撑控制棒，使控制棒排列与燃料组件中导向管的排列相对应；

⑤吸收落棒行程末端剩余的能量，以防止对燃料组件和控制棒组件自身产生冲击损伤；

⑥与驱动轴耦合成一体确定准确的轴向位置。

1.2.2　中子源组件

反应堆初次运行之前或长期停堆之后，堆芯内中子很少，此时如果启动，堆芯外核仪表无法有效探测到堆内的中子通量水平。为了安全启堆，必须随时掌握反应堆次临界程度，以避免发生意外的超临界。为此，堆芯内装有中子源组件，这些中子源经次临界增殖后产生足够多的中子数，使源量程核仪表通道能有效探测到堆内中子水平［一般要求大于每秒 2 个计数（2 cps）］，以克服测量盲区。中子源组件插在堆芯靠近源量程核仪表探测器的燃料组件内。

反应堆堆芯中使用了两种类型的中子源组件，它们是一次中子源组件和二次中子源组件。

（1）一次中子源组件

一次中子源在新堆首次启动时，产生用于指示中子水平的中子。典型的一次中子源组件有 1 根一次中子源棒和 1 根二次中子源棒,还有 16 根可燃毒物棒和 6 根阻流塞棒,如图 1-12 所示。AP1000 型反应堆的一次中子源组件有 1 根一次中子源棒、12 根可燃毒物棒和 11 根阻流塞棒。

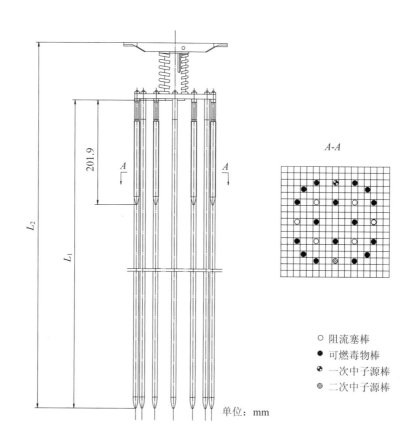

○ 阻流塞棒
● 可燃毒物棒
❂ 一次中子源棒
◎ 二次中子源棒

单位：mm

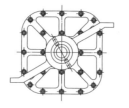

L_1 和 L_2 尺寸

相关棒种类	L_1/mm	L_2/mm
可燃毒物棒	3 847.9	3 959.3
一次中子源棒	3 849.9	3 961.2
二次中子源棒	3 846.6	3 957.0

图 1-12　一次中子源组件

典型的一次中子源是放在一个双层不锈钢包壳内的 $^{252}_{98}Cf$（锎）芯块,出厂时放射性强度为 100 Ci,中子发射率为（2～4）×10^8/s,半衰期为 2.54 年,可满足第一燃料循环运行周期的要求。通常在反应堆堆芯的首次装载中装有4组中子源组件，即2组一次中子源组件和2组二次中子源组件。一次中子源组件用于初次启堆，在燃料第1循环后取出，换入阻流塞组件，以后其功能由二次中子源组件代替。

（2）二次中子源组件

每个二次中子源组件有4根二次中子源棒，其余为阻流塞棒，如图1-13所示。

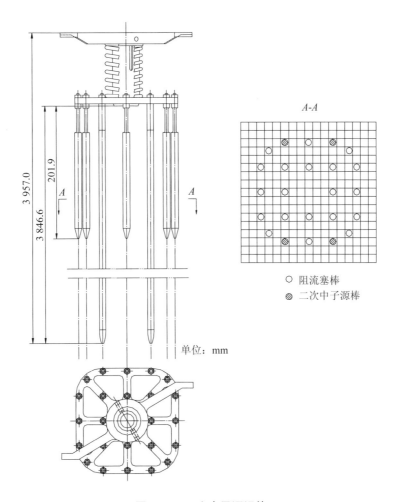

图 1-13 二次中子源组件

典型的二次中子源由叠放在不锈钢包壳内的锑（Sb）-铍（Be）芯块组成。每根二次中子源棒装入530 g锑-铍混合物。二次中子源开始时不产生中子，只有在反应堆内受中子照射后才激活成为中子源。充分激活的二次中子源用于初次启动后的反应堆启动，在反应堆启动期间为探测器提供足够的、可测量的中子通量水平，确保反应堆可控地接近临界状态。在满功率运行两个月后，其放射性强度可允许停堆 12 个月后再启动时使用。换料时二次中子源组件不更换，连续使用。

关于中子源强，对于核测仪表系统的源量程仪表探测器或堆内临时中子计数装置，应持续监测堆芯区域的中子计数率变化。

《核反应堆仪表准则　第一部分：一般原则》（GB 12789.1—91）要求计数率至少达到 2 cps，《压水堆核电厂反应堆首次装料试验》（NB/T 20434—2017）建议不低于 0.5 cps（信噪比大于 2）。

近年来，部分电厂由于装料时间推迟，一次中子源的强度逐渐下降，无法满足首次装料期间源量程仪表探测器中子计数率不低于 2 cps 的性能要求，甚至不能满足不低于 0.5 cps 的性能要求。

1.2.3　可燃毒物组件

大型压水堆控制反应性一般同时使用控制棒组件和改变冷却剂中的硼浓度两种方法。但新堆第一次装料的后备反应性很大，而为了保证慢化剂温度系数为负值，其硼浓度又不能太高，所以装载具有较强吸收中子能力的可燃毒物组件以平衡反应性。之所以称为可燃毒物，是因为其中的 ^{10}B 吸收中子后转变为 ^{7}Li，不断被消耗。通常可燃毒物组件在燃料第 1 循环后全部取出，换上阻流塞组件。

可燃毒物组件由压紧组件悬挂一束可燃毒物棒及阻流塞棒组成，如图 1-14 所示。其中，可燃毒物组件上部的压紧组件由一组弹簧、导向筒、压紧杆、连接板等零件组成。当可燃毒物组件插入堆芯燃料组件中时，焊在连接板上的导向筒下端位于上管座连接板上。压紧杆被堆芯上板压住，靠压紧组件上的弹簧力使可燃毒物组件压紧而不至于发生轴向窜动。

典型的可燃毒物组件的 24 根棒中有 12 根或 16 根可燃毒物棒，其余为阻流塞棒。可燃毒物棒用 304 不锈钢管作为包壳，两端用端塞焊接密封。包壳内放置硼玻璃管芯体，其成分为 $SiO_2+B_2O_3$。玻璃管内还装入一根 304 不锈钢薄管作为内衬，以防止玻璃管坍塌或蠕变。

目前，越来越多的核电机组从首炉堆芯就采用含可燃毒物的一体化燃料芯块，不再需要可燃毒物组件。

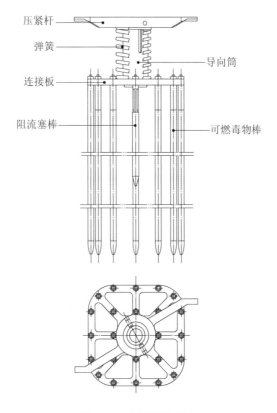

图 1-14 可燃毒物组件

1.2.4 阻流塞组件

阻流塞组件为在不插控制棒组件、可燃毒物组件和中子源组件的燃料组件内为限制其导向管旁流而设置的组件，其主要功能为占据没有容纳控制棒组件单棒、可燃毒物组件单棒或中子源组件单棒的导向管，以减少导向管中冷却剂旁流，增加冷却燃料棒的冷却剂流量。

阻流塞组件由 24 根短的不锈钢实心棒悬挂在压紧组件连接板上构成，如图 1-15 所示。阻流塞棒是封闭的不锈钢管，其长度较短，约 20 cm。阻流塞棒上部被加工成缩径段，以提高棒的柔度，增加棒插入导向管时的对中性及减少其与导向管间的摩擦力。阻流塞棒下端加工成弹头形以利于插入导向管。

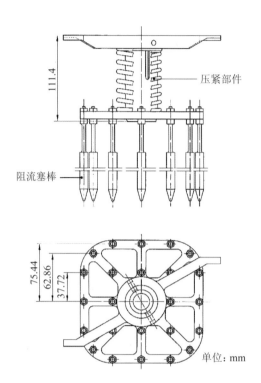

图 1-15　阻流塞组件

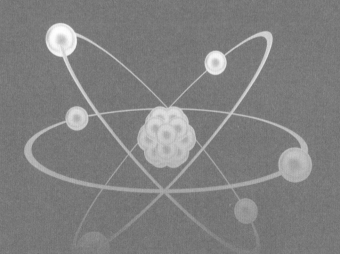

第 2 章

燃料组件的发展历程和现状

20 世纪 60 年代后期，核反应堆迎来快速发展阶段，逐步形成了比较成熟的、商业化的反应堆类型，如压水堆（PWR）、沸水堆（BWR）、VVER 堆等，与之相适应的燃料组件设计也多种多样，其应用得到了快速发展。从 20 世纪 60 年代发展到现在，压水堆燃料组件经过不断改进，形成了以美国西屋公司设计的 Performance+燃料组件、法国法马通公司设计的 AFA 3G 燃料组件以及俄罗斯设计的 TVS-2M 燃料组件为代表的先进压水堆燃料组件系列。目前国内核电站采用的燃料组件包含上述 3 个系列的燃料组件，其中法国 AFA 3G 燃料组件在国内应用最为广泛。本节主要介绍美国、法国、俄罗斯及我国燃料组件的发展历程和现状。

2.1　美国燃料组件的发展历程和现状

美国作为原始创新推动技术进步的典型代表，依托于其强大的高校及科研机构，目前占据世界核燃料产业的龙头地位，其燃料组件的设计和制造能力也居世界前列。美国军用堆、小型堆的燃料组件供应商主要为 B&W 公司，而民用燃料组件设计与制造企业为西屋公司（包括收购 CE 公司的燃料组件），其设计和制造的燃料组件包括 PWR、BWR、VVER 堆和先进气冷堆（AGR）等的燃料组件。

西屋公司作为世界压水堆核电技术的鼻祖，从 20 世纪 50 年代开始进行燃料组件设计研发工作，至 20 世纪 70 年代初研发出 SFA 燃料组件，这是目前通用的压水堆燃料组件的雏形。此后不断进行设计改进，先后研发出 OFA、Vantage 5、Performance+、RFA 等燃料组件，以及用于第三代核电的 AP1000 型燃料组件。在此基础上，西屋公司又继续开发优化 ZIRLO 合金包壳和 AXIOM 合金包壳、ADOPT 大晶粒芯块等更先进的材料，结合一系列新的结构设计改良，完成了 NGF 燃料组件的开发工作，获批的燃料棒最大燃耗达到 62 GWd/tU。

从西屋公司压水堆燃料设计改进研发历史可以清晰地看出，"经济性、安全性"构成了其技术发展主线，"需求牵引、技术驱动"构成了其研发原始驱动力，持续推进了燃料的更新换代。

西屋公司燃料组件大致发展过程如下：

第一代，燃料棒以 6×6 排列成"次级组件"，再由"次级组件"按 3×3 排列成有元件盒的燃料组件，燃料棒包壳为完全退火的 348 不锈钢。控制棒为十字形，与沸水堆的一样。

第二代，包壳改用冷加工的薄壁 304 不锈钢，元件盒开孔，并首次采用了碟形芯块，后来加入了倒角的设计。

第三代，取消了元件盒，成为无盒燃料组件，用控制棒束代替十字形控制棒。

第四代，包壳材料由 304 不锈钢改为 Zr-4 合金，采用充氦加压燃料棒。

第五代，控制棒导向管改用 Zr-4 合金。

第六代，燃料棒排列由 15×15 变为 17×17，即 SFA 燃料组件。

西屋公司 20 世纪 70 年代完成六代重大改进后，又在 17×17 型 SFA 燃料组件（标准型燃料组件）的基础上，陆续开发了如下一些新产品，其燃料组件型号发展历程及主要技术特点见图 2-1。

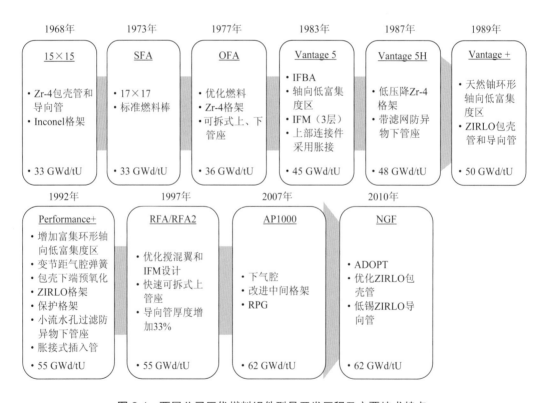

图 2-1　西屋公司历代燃料组件型号开发历程及主要技术特点

1977 年开始生产 OFA（优化型燃料组件），棒径变细至 9.1 mm，以提高热效率，设计平均燃耗达 36 GWd/tU，定位格架由 Zr-4 合金制成。

1983 年开始制造 Vantage 5 燃料组件，采用了一系列新技术。如上管座可拆、燃料棒两端加天然铀反射段（改善轴向功率分布和减少轴向中子泄漏）、在组件上部四层格架间增加三层跨间距搅混格架（IFM）、采用一体化燃料可燃毒物吸收体（IFBA，芯块表面涂 ZrB_2）等。棒径同 OFA 的棒径，定位格架为 Zr-4 合金，设计平均燃耗为 45 GWd/tU，燃料循环长度为 15～18 个月。

1987 年开发了 Vantage 5H 燃料组件，使燃料棒棒径恢复到 SFA 的棒径（为满足用户要求），并改变了定位格架的尺寸，采用带滤网的下管座，使其与 Vantage 5 的总阻力相当。该组件设计平均燃耗为 48 GWd/tU，燃料循环长度为 15～20 个月。

1989 年开发了 Vantage+燃料组件，采用 ZIRLO 作包壳材料（格架材料仍为 Zr-4 合金），显著地提高了抗腐蚀性能和抗辐照蠕变能力，为提高卸料燃耗和延长循环长度提供了保证。另外，还采用了空心天然铀芯块作棒两端的反射段，提高了燃料棒容纳裂变气体的能力。该组件设计平均燃耗为 50 GWd/tU。

1992 年开发了 Performance+燃料组件，在以前所有组件优点的基础上，进一步将格架材料改换成 ZIRLO，最下面靠近下管座上方加一层保护格架，燃料棒下端设置一段预氧化 ZrO_2 膜，再加上带滤网的下管座，使该种组件有三道防异物磨损的屏障。另外，还采用加浓的环形 UO_2 芯块作反射段，以加深燃耗。该种组件设计平均燃耗为 55 GWd/tU（棒最高达 75 GWd/tU），燃料循环长度为 18～24 个月。

1997 年开发了 ROBUST 燃料组件（RFA），导向管壁厚增加了 33%，优化了搅混翼和小格架设计，改进了抗磨蚀性能，从而提高了安全可靠性。该组件设计平均燃耗为 55 GWd/tU。

2007 年在有实际运行经验的 17×17 RFA 和 17×17 XL RFA 燃料组件的基础上，结合一些经过验证的成熟技术设计，开发了 AP1000 燃料组件，燃料棒最大燃耗可达 62 GWd/tU。

2010 年，西屋公司继续开发优化 ZIRLO 合金包壳和 AXIOM 合金包壳、ADOPT 大晶粒芯块等更先进的材料，结合一系列新的结构设计改良，完成了 NGF 燃料组件的开发工作，获批的燃料棒最大燃耗达到 62 GWd/tU。

近年来，西屋公司在核燃料型号和关键技术方面的研发主要是围绕耐事故燃料（Accident Tolerant Fuel，ATF）展开。ATF 是日本福岛核事故发生后，美国能源部（DOE）于 2012 年提出的概念。ATF 通过采用全新的燃料/包壳材料，再加上结构特征的适应性调整，使燃料组件在保证正常运行的基础上，更加耐受事故工况，尽可能减少或避免事故工况下可燃气体的产生，减少裂变产物释放，从而提升核电的安全性。

西屋公司于 2017 年 4 月发布了 ATF 商业化品牌 EnCore™，同年，在美国的先进测试反应堆（ATR）启动了西屋 Cr 涂层试样辐照。西屋公司近期的 ATF 商业化战略主要是推进 Cr 涂层包壳和 ADOPT 大晶粒芯块的大规模应用，并利用这两项新技术，再加上燃料富集度提升到 5% 以上，实现美国压水堆核电机组燃料棒平均燃耗整体突破 62 GWd/tU，并有望实现更具有经济性的 24 个月循环长度目标。理论上，燃耗的提升和 24 个月换料周期的实现，将大幅节约机组全寿期的大修费用，减少乏燃料的数量并节约乏燃料处理成本，也平衡了 ATF 研发成本和增加的制造费用，具有可观的商业前景。西屋公司也部署了 ATF 的远期战略，包括采用 SiC 和 UN 芯块等新技术。

2019 年 4 月，西屋公司在 Exelon（现为 Constellation Energy 公司）的 Byron 反应堆中启动 ATF 先导棒辐照考验，先导棒特征包括 Cr 涂层包壳和 ADOPT 大晶粒芯块。2022 年 5 月，先导棒完成了两个循环的辐照。随后，西屋公司向美国核管理委员会（NRC）申请在 2023 年第三季度继续进行加深燃耗辐照，并获批。

2020 年，西屋公司与欧洲的核电业主合作，在 Doel-4 反应堆内引入了 32 根 Cr 涂层包壳先导棒，2021 年 11 月完成第一个循环的辐照，2023 年 5 月完成第二个循环的辐照。据公开文献报道，先导棒池边检查结果表明，涂层包壳性能良好，符合预期。

近两年，西屋公司与南方能源（Southern Energy）公司合作，在 Vogtle 反应堆中策划实施 ATF 先导组件入堆，先导组件中包含数量更多的 Cr 涂层包壳和 ADOPT 大晶粒芯块燃料棒，以及富集度达到 6% 的先导燃料棒。西屋公司的 ATF 先导组件入堆于 2023 年 7 月获得 NRC 批准。西屋公司 ATF 研发和辐照的路径见图 2-2。

2.2 法国燃料组件的发展历程和现状

法国燃料组件的设计主要来自法马通公司，该公司自 1958 年成立至今股权有多次变更交割。本节仅对其压水堆燃料产品线进行介绍。主要包括：

①法国法马通公司的 AFA 系列燃料组件，研发在法国 Lyon；

②美国原巴威公司的 MARK 系列燃料组件，研发与制造在美国 Lynchburg；

③德国原西门子公司的 HTP 系列燃料组件，研发主要在德国 Lingen；

④法国法马通公司的 GAIA 系列燃料组件，研发在法国；

⑤法国法马通公司的 ATF 燃料组件，研发在法国。

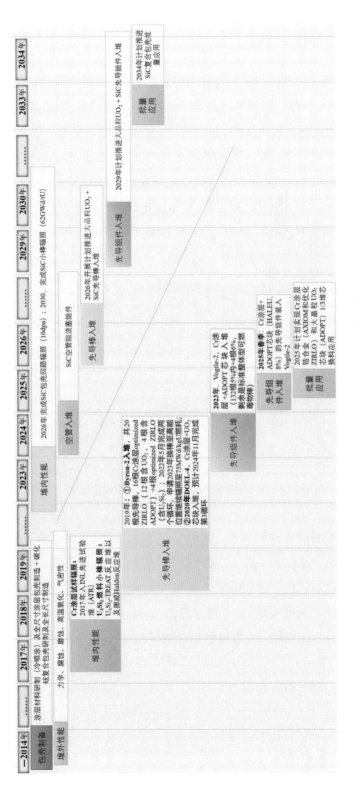

图 2-2　西屋公司 ATF 研发和辐照路径

2.2.1 AFA 系列燃料组件

AFA 系列燃料组件由法马通公司设计。法马通公司在引进美国西屋公司标准燃料组件（SFA）的基础上，吸收了法国本土核电站运行的经验反馈，形成了法国压水堆核电站燃料组件开发的自主化、系列化、标准化道路，法马通公司在 SFA 基础上的改进主要是开发了独特的发卡式弹簧、双金属格架以及上、下管座改为可拆式，提出了 AFA（先进燃料组件）设计。我国在引进法国压水堆核电技术后，将 12 英尺①AFA 系列燃料设计也同时引进，并实现了 AFA 2G 及 AFA 3G 的本土化制造，AFA 系列燃料组件成为我国国内广泛使用的燃料组件类型。法马通公司 AFA 系列燃料组件设计演变见图 2-3。

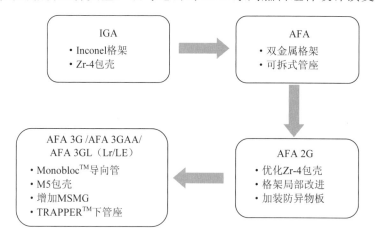

图 2-3 法马通公司 AFA 系列燃料组件设计演变

AFA 3G 是 AFA 系列的最新型号，并且随着设计的演变出现了众多子型号。例如，12 英尺的 AFA 3GA、AFA 3GAA，14 英尺的 AFA 3GLr、AFA 3GLr-AA、AFA 3GLQ、AFA 3GLAA-I、AFA 3GLE、AFA 3GLEAQI 等，这些组件同时在商业堆使用，或逐渐过渡。它们的部件除在长度上适应 12 英尺堆芯及 14 英尺堆芯外，在外观上基本无差异，仅是细节尺寸不同，AFA 全系燃料组件的关键设计技术在各个型号组件上均可使用。

AFA 系列燃料组件的设计特征主要有：

①独特的双金属定位格架，格架条带为锆合金材料，在格架上挂装因科镍-718 合金的弹簧。其优点是：以低中子吸收截面的锆合金材料作为条带主体来提高格架整体强度，

---

① 1 英尺=0.304 8 m。

提高中子经济性；以低辐照蠕变的因科镍-718 合金材料作为弹簧提供燃料棒夹持，提高寿期末夹持力，降低燃料棒磨蚀，保证燃料可靠性。双金属格架设计在经济性与可靠性之间，在偏向可靠性一侧取得了平衡。使用双金属格架的燃料设计，无须在燃料组件端部单独再设计镍基合金格架来保证夹持（如 AP1000 燃料组件），减少了格架类型。因条带上无须冲压成形弹簧，增加了可承载部分面积，也使得格架可以设计得更矮，利于降低压降，为搅混系统设计提供裕量，以提高热工性能；但悬挂式弹簧在栅元内的阻流面积更大，不利于压降。双金属格架因弹簧需要单独加工再焊接在条带上，增加了格架制造工序，也对格架的质量控制提出了更高要求。

②AFA 系列燃料组件采用的 TRAPPER™ 下管座（图 2-4）为不锈钢大方孔结构，上部装有小孔防异物板，且防异物板采用了可时效硬化的高强度不锈钢。大方孔结构大幅增加了下管座的流通面积，减小了阻力。高强度小孔防异物板是 TRAPPER™ 下管座的典型设计特征，除提供异物过滤功能外，也提供燃料棒的限位，防止燃料棒向下脱出组件。对应于不同的组件压降与过滤能力设计要求，TRAPPER™ 下管座有多种滤网孔径规格。

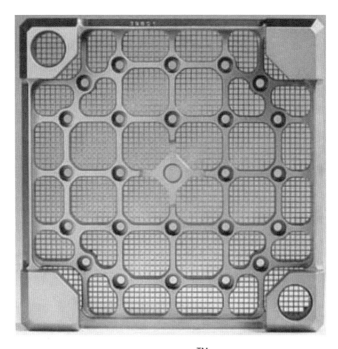

图 2-4　TRAPPER™ 下管座

2.2.1.1　AFA 2G 燃料组件

AFA 2G 燃料组件于 1992 年投入商用，其主要特点是芯块倒角、上管座厚度减小、下管座底面附滤网、定位格架高度降低并优化外形、包壳材料改用低锡 Zr-4 合金、包壳管内表面由喷砂处理改为酸冲洗、包壳管无损检验在超声波检验基础上又增加了涡流检验等。我国大亚湾核电厂曾使用过这种燃料组件。

AFA 2G 燃料组件平均卸料燃耗为 33 GWd/tU，设计最高燃耗为 50 GWd/tU，燃料循环长度为 12 个月。鉴于这种燃料组件在使用中发现有变形偏大，法国又提出了 AFA 2GE 的过渡性设计，将导向管壁厚由 0.4 mm 增至 0.5 mm，并作了相关尺寸的调整，首先在国外（比利时、瑞典和南非）反应堆中应用，法国国内 1996 年使用。

2.2.1.2　AFA 3G 燃料组件

法马通在 AFA 2G 燃料组件的基础上，结合大量的运行经验反馈，于 20 世纪 90 年代末推出了 AFA 3G 燃料组件。第一批 AFA 3G 燃料组件于 1996 年在德国反应堆装料，1998 年在瑞典应用，1999 年在法国、中国和比利时应用。我国将这种燃料组件用于大亚湾核电站的 18 个月换料，1999 年年底，大亚湾核电站装入 4 组 AFA 3G 燃料组件作为先导使用，验证其相容性，2001 年年底，在 2 号机组第 9 循环开始批量入堆。

截至 2020 年 12 月，AFA 3G 燃料组件的运行经验来自比利时、中国、法国、德国、南非、西班牙和瑞典等国家的 78 个压水堆中的 40 310 个燃料组件。

2.2.1.3　AFA 3GAA 燃料组件

AFA 3GAA 燃料组件是骨架及燃料棒包壳材料均为 M5^{TM} 锆合金的 AFA 3G 燃料组件，由燃料骨架和 264 根燃料棒组成，燃料棒按 17×17 排列，其主要特点是采用了 M5^{TM} 材料的骨架，即导向管、格架锆合金均采用了 M5^{TM}。燃料骨架由 24 根导向管、1 根仪表管、11 个格架（2 个端部格架、6 个结构搅混格架和 3 个跨间搅混格架）、上管座部件和下管座部件组成。仪表管位于组件中心栅元位置，它为堆内测量仪表提供通道，导向管用于容纳控制棒和其他堆芯相关组件棒。燃料棒被定位格架夹持，使其保持相互间的横向间距以及与上、下管座间的轴向间距。

2.2.1.4　AFA 3GLE 燃料组件

在几何结构上，AFA 3GLE 燃料组件比 AFA 3GAA 燃料组件更长，是 14 英尺燃料组件。在格架的布置方面二者也有很大的不同，AFA 3GAA 燃料组件是 8 个格架加上 3 个中间搅混格架，并且这 11 个格架全部位于活性区内，AFA 3GLE 燃料组件也有 11 个格架，其中 8 个格架位于活性区内，此外两端各有一个端部格架（活性区外），底部还增加了一个加强格架（部分位于活性区内）。

AFA 3GLE 燃料组件主要应用在我国台山核电站的两台 EPR 机组上，14 英尺燃料组件在法国运行的经验主要来自 AFA 3GLr 燃料组件与改进后的 AFA 3GL-I 燃料组件。

AFA 3GLr 燃料组件有端部双层格架，2002 年研发完成后在法国四环路反应堆装载；后续法国在 AFA 3GLr 燃料组件的基础上进行了改进，将导向管厚度由 0.5 mm 加厚到 0.6 mm，导向管材料也改为了 Q12 材料，设计了 AFA 3GL-I 燃料组件，该燃料组件 2013 年 10 月首次装载。到 2020 年 12 月，共有 13 870 组 AFA 3GLr 和 AFA 3GL-I 燃料组件在 23 个反应堆中运行。

2.2.2　MARK 系列燃料组件

MARK 系列燃料组件原为美国巴威公司设计，最初是为巴威型反应堆设计的 15×15 组件。MARK 系列燃料组件仅有一种品牌，以字母和数字来体现设计演化，如 MARK-B11、MARK-C 等，巴威燃料部门被法马通合并后，又将 MARK 系列改造成可用于西屋型反应堆的 17×17 组件 MARK-BW 与 Adv. MARK-BW。因设计的演化，MARK 系列型号非常多。自 MARK-B 采用锆合金格架以来，一直到 MARK-B11、MARK-C，其主要改进点包括可拆或快拆管座的设计改进、高燃耗加长燃料棒的使用、格架固定方式优化、燃料棒尺寸和充压优化、低锡 Zr-4 包壳的使用、单组件分区富集度的使用等。

随着燃料运行要求的提高，MARK 系列燃料组件的磨蚀与弯曲问题日益凸显。目前，MARK 系列燃料组件已基本为 HTP 系列燃料组件所取代，利用 HTP 系列燃料组件的线接触式格架与焊接式骨架设计特征解决磨蚀与弯曲问题。

2.2.3　HTP 系列燃料组件

HTP 系列燃料组件（图 2-5）设计源自美国 ANF（Advanced Nuclear Fuels）公司，ANF 由埃克森（Exxon）集团于 1969 年创建，设计并制造压水堆、沸水堆燃料组件，1986 年其被西门子集团合并，现属于法马通集团。

图 2-5　HTP 系列燃料组件

HTP 系列最早是为西门子型反应堆设计的燃料组件。在西门子公司的核燃料部分合并到法马通集团后，鉴于 HTP 优良的抗磨蚀性能可适应逐渐提高的燃耗应用需求，法马通将其设计特征整合开发，形成了针对西屋型、巴威型、燃烧工程型反应堆的多条产品线，具有 14×14～17×17 各种不同类型棒束阵列排布，适用堆型最为广泛。NuScale 公司在其开发的小型模块化反应堆中，也使用 HTP 系列燃料组件，充分利用 HTP 燃料组件格架的低压降、抗事故冲击性能以及成熟运行经验。

HTP 系列燃料组件的设计特征主要体现在格架与下管座的设计上：

①定位格架采用独特的八条线接触式结构，格架由两片条带面对面贴紧形成夹持系统以及流通通道。其中，中部结构格架为锆合金材料，具有弯曲的流道，形成一体化的搅混系统，提高热工裕量。下端部格架为镍基合金材料，在寿期末提供可靠的夹持功能，抗磨蚀，具有直流通道。锆合金格架与导向管之间采用焊接连接，因科镍-718 合金格架与导向管之间采用卡环连接。

②采用独特的 FUELGUARD™ 下管座，由一系列平行的折弯金属片形成异物过滤系统，整个流通通道呈弯曲式，具有较好的异物过滤能力与较低的压降。

针对不同反应堆类型的 HTP 燃料组件，主要设计特征如下：

①W17 HTP 是带有 HTP 设计特征的、用于西屋型反应堆的 17×17 燃料组件类型，

含有 11 层格架、24 根 MONOBLOC™ 导向管、1 根仪表管、上管座、FUELGUARD™ 下管座、264 根燃料棒；

②Mark-B HTP 燃料组件是带有 HTP 设计特征的、用于巴威型反应堆的 15×15 燃料组件类型；

③CE-14 HTP 燃料组件是带有 HTP 设计特征的、用于燃烧工程型反应堆的 14×14 燃料组件类型。

2.2.4　GAIA 系列燃料组件

GAIA 系列燃料组件是法马通公司的最新燃料组件设计，是典型的全球化设计产品。它综合了 MARK、HTP、AFA 三条产品线的优秀设计理念，并在结构格架、下管座设计上具有独特的创新，4 组 GAIA 先导组件于 2012 年在瑞典 Ringhals 核电站进行辐照，目前已完成辐照考验。GAIA 系列燃料组件于 2019 年、2021 年分别实现在法国、美国的批换料应用。

在 GAIA 系列燃料组件中，采用的法马通燃料组件的通用设计特征有：

①M5 与 Q12 合金结构材料。其中 M5 合金由于具有优秀的抗腐蚀性能，主要用作燃料棒包壳管材料；Q12 合金由于具有改进的抗蠕变性能，主要用作导向管材料。M5 合金与 Q12 合金在格架条带上均有应用。M5 包壳管在法马通全系燃料中均广泛使用。

②上管座上的流水孔是带有圆角的三角形，配合上部快拆连接。此设计在法马通 MARK、HTP、AFA 全系燃料中均有使用。

③MONOBLOC™ 导向管。该导向管是法马通开发的一体化变径导向管，在下部的缓冲段采用厚壁设计，上部为薄壁设计，中间为长变径过渡段。此设计在法马通 MARK、HTP、AFA 全系燃料中均有使用，并有 Zr-4、M5、Q12 三种材料。

④带有半扣形刚凸的中间搅混格架。此设计在法马通 MARK、AFA 燃料产品中均有使用。

GAIA 燃料组件的独特设计特征主要体现在 GAIA 结构格架（图 2-6）与 GRIP™ 下管座上：

①GAIA 结构格架继承了 HTP 格架线接触夹持系统高的磨蚀裕量与低压降的特征，结合了 AFA、MARK 系列搅混系统的高热工性能特征。采用独特的角部弹簧夹结构，在地震与失水事故下承受横向撞击时，与传统直边条带格架表现出的屈曲垮塌式破坏模式不同，仅表现为格架尺寸的缩短，提高了事故工况下格架抗变形的能力。

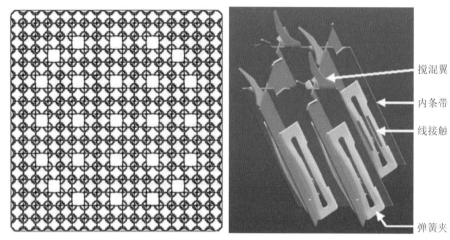

搅混翼

内条带

线接触

弹簧夹

图 2-6   GAIA 结构格架

②GRIP^{TM}下管座（图 2-7）的主要创新特征体现于：

● 管座上增加了承接燃料棒下端塞的凹洞结构，为燃料棒提供额外的约束，提高了抗振动磨蚀性能；

● 具有复杂曲面流道，流道内平滑过渡，可降低管座阻力；

● 继承 TRAPPER^{TM}下管座小孔滤网的优势，并将滤网安装在管座底部，避免滤网承载，提高了燃料安全性；

● 导向管连接采用了快拆结构，避免松脱件产生，可快速拆装。但这种复杂几何形状流道采用机械方式加工时，工艺会十分复杂。

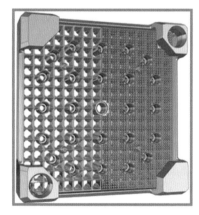
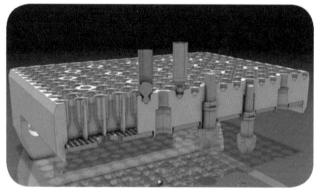

图 2-7   GRIP^{TM}下管座

2.2.5　ATF 燃料组件

法马通公司针对添加 Cr_2O_3 的 UO_2 大晶粒芯块开展了研究，结果表明晶粒尺寸平均值取 50～60 μm 会对燃料性能产生有利影响，包括增加尺寸稳定性、提高在水/蒸汽环境下的耐腐蚀性能、更好的抗 PCI 和 SCC-PCI 性能、更高的裂变气体包容性、瞬态时更低的裂变气体释放以及增加燃料的密实化。大量的辐照考验结果表明，添加 Cr_2O_3 的 UO_2 大晶粒芯块可以满足最大燃耗 75 GWd/tU 的要求。法马通公司的添加 Cr_2O_3 的芯块从 1997 年开始即以先导组件形式开展了压水堆和沸水堆的商用堆辐照，添加 Cr_2O_3 的芯块已积累了富集度最高为 4.95% 的辐照数据并于 2018 年 5 月完成了美国 NRC 的批量化应用安全审评。

法马通公司采用 PVD 技术，在 2015 年前后制得了厚度为 15 μm 左右的 Cr 涂层，并研发了全长棒束涂层制备装置，Cr 涂层特征化组件于 2019 年入商业堆进行辐照考验。后续进行了 Cr 涂层减薄的论证研究，2020 年法马通公司在核材料大会上公布第一代 Cr 涂层包壳管的 Cr 涂层厚度为 2～8 μm。目前，Cr 涂层包壳管的燃料组件已多次实现入商用堆辐照。

在 ATF 商用组件论证方面，法马通公司将 Cr 涂层包壳和大晶粒 UO_2 燃料等技术与 GAIA 燃料组件融合，形成了 GAIA-EATF 燃料组件设计方案，并提出了近期商用方案如下：将 Cr 涂层包壳+大晶粒 UO_2 燃料的 ATF 方案与 GAIA 燃料组件（主要设计特征包括坐底式下管座、Q12 导向管、HMP 端部格架等）技术结合，燃料棒燃耗≤68 GWd/tU。2021 年，GAIA-EATF 先导燃料组件首次装入商用堆，在卡尔弗特悬岩核电厂 2 号机组实现 18 个月的换料辐照，并计划于 2025 年前后实现首堆 1/3 堆芯批量化换料（图 2-8）。

为了追求 GAIA-EATF 更加优异的经济性，法马通公司针对压水堆典型的 17×17 燃料组件，对燃料富集度提升并延长换料周期至 24 个月的经济性进行了评价，计划推出 GAIA-EATF-HALEU 燃料组件，对应燃料富集度提升至约 6.13%，该情况下燃料成本有望节省约 10%。使用 HALEU 后，燃料棒燃耗可达 75 GWd/tU，计划于 2026 年入商用堆辐照。法马通公司对现有的燃料分析程序和方法是否适用于燃料富集度提升后（大于 5%）的燃料设计过程开展了详细的论证，并向美国 NRC 提交了富集度突破 5% 的设计论证报告。2021 年 3 月和 11 月分别完成富集度为 8% 的 HALEU 燃料组件运输容器以及燃料制造（结构、容器、屏蔽、包装评估、验收测试和维护计划等）在美国 NRC 的取证。

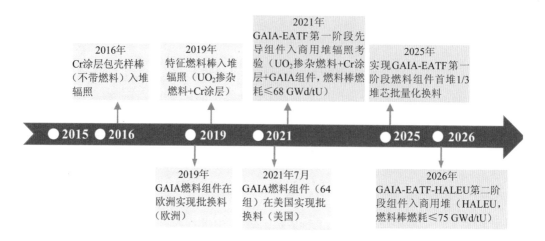

图 2-8   法国 ATF 燃料组件技术发展路线

2.3   俄罗斯燃料组件的发展历程和现状

20 世纪 90 年代，AFA（也称 UTVS 型）燃料组件在俄罗斯及东欧国家的 VVER-1000 型机组中普遍应用，并被引入我国田湾核电厂 1 号、2 号机组。根据目前的运行经验，经过长时间辐照后 AFA 组件变形较大，对控制棒落棒时间有一定的影响。

俄罗斯对 AFA 组件进行了设计改进，推出了 TVS-2 和 TVS-2M 燃料组件。TVS-2 和 TVS-2M 燃料组件分别于 2003 年和 2006 年首次应用于俄罗斯巴拉科夫（Balakovo）核电站，并于 2007 年和 2010 年分别装载到俄罗斯罗斯托夫（Rostov）核电站。自 2018 年起，这两个核电站共 8 个机组均使用 TVS-2M 燃料组件。TVS-2M 燃料组件主要针对材料、结构和工艺等方面进行了改进，改进后的燃料组件刚度有较大的增强，使用 TVS-2M 燃料组件的巴拉科夫核电站（田湾参考电站）和罗斯托夫核电站运行情况良好，在寿期末的落棒试验中未再发生控制棒下落异常现象。TVS-2M 燃料组件在俄罗斯境内大部分核电厂和保加利亚的核电厂都得到了推广。截至 2021 年，共有 1 289 个 TVS-2 燃料组件和 4 075 个 TVS-2M 燃料组件入堆服役，TVS-2 燃料组件达到的最大燃耗是 53.4 GWd/tU（巴拉科夫核电站 1 号机组）。TVS-2M 燃料组件达到的最大燃耗是 63.6 GWd/tU（罗斯托夫核电站 2 号机组），对应的燃料棒最大燃耗为 69.5 GWd/tU，燃料芯块最大燃耗为 75.5 GWd/tU。

我国田湾核电厂 1 号、2 号机组在 2011 年第 5 循环装入 6 组 TVS-2M 先导组件入堆进行考验，3 号、4 号机组首循环装载 TVS-2M 燃料组件，采用年度换料，从第 2 循环开始向长周期燃料循环过渡。

之后，俄罗斯在 TVS-2 和 TVS-2M 的设计基础上加以改进，设计出 TVS-2006，TVS-2006 燃料组件分别于 2016 年和 2017 年首次装载于俄罗斯 Novovoronezh 核电站和 Leningrad 核电站。2017—2021 年，共有 652 个 TVS-2006 燃料组件入堆服役，卸出的最深组件燃耗为 46.46 GWd/tU，在役的最深组件燃耗为 51.60 GWd/tU。

我国田湾核电厂 7 号、8 号机组及徐大堡核电厂 3 号、4 号机组采用的燃料组件型号即为 TVS-2006。

TVS-2、TVS-2M、TVS-2006 燃料组件的主要设计参数对比见表 2-1。

表 2-1　TVS-2、TVS-2M 及 TVS-2006 燃料组件的主要设计参数对照

参数	数值		
燃料组件类型	TVS-2	TVS-2M	TVS-2006
燃料组件重量/kg	705	738	750
燃料芯块总重量/kg	494.5	527.0	534.1
燃料棒及含钆燃料棒数量/根	312		
燃料棒及含钆燃料棒：			
• 包壳外径/mm	9.1	9.1	9.1
• 包壳内径/mm	7.73	7.73	7.73
• 燃料芯块外径/mm	7.57	7.60	7.60
• 燃料芯块中心孔直径/mm	1.4	1.2	1.2
• 棒长/mm	3 820	3 970	4 015
• 芯块柱高度/mm	3 530	3 680	3 730
• 燃料棒中的二氧化铀重量/kg	1.585	1.689	1.712

2.4　我国燃料组件的发展历程和现状

核电目前已成为我国能源结构转型、实现"双碳"目标最重要的基荷能源。我国核电机组数量快速增长，2022 年我国核电在建与在运数已达 77 台，位居世界第二，审批速度更是创十余年新高。国内的核电站绝大多数为压水堆，所采用的成熟燃料的技术（品牌）为国外所有，其原材料和零部件也大多从国外进口，其中，法系燃料组件占我国核

电市场的 79%。

随着美国用户要求文件（URD）和欧洲用户要求文件（EUR）对核电站的经济性、可靠性和安全性提出了更高的要求，燃料组件也朝着提高燃耗、延长换料周期、提高热工裕度和可靠性等方向持续改进。近年来，在有关部委的支持与国家核安全局的引导下，中核集团、中广核集团、国电投集团在自主燃料研发方面进展迅速，开展了广泛的堆外试验与堆内辐照考验研究。

2.4.1　进口燃料组件在我国的应用

我国核电站通过技术引进，共使用了以下几种进口燃料组件：

大亚湾核电站建成时，采用法国 AFA 2G 燃料组件。由于宜宾核燃料元件厂（即现在的中核建中核燃料元件有限公司）当时不具备生产 AFA 2G 燃料组件的能力，其 1 号和 2 号机组的首炉料和 1 号机组的第 1 次换料，只能由法马通公司供料并提供堆芯设计和燃料组件设计服务。为了以国产燃料组件取代法马通公司生产的燃料组件，宜宾核燃料元件厂通过中国原子能工业公司于 1991 年与法马通公司签订了核燃料技术转让合同，引进了燃料设计和制造技术，并在法马通公司的帮助和支持下改造生产线，到 1994 年 4 月具备了供料能力并开始生产后续换料组件。1994 年年底，宜宾核燃料元件厂为大亚湾 2 号机组提供了第一个换料国产化燃料组件。1996—2002 年累计完成 13 批 772 组 AFA 2G 燃料组件的制造任务。其后，大亚湾核电站在第 9 循环开始进行 18 个月换料改造，广东核电合营有限公司和宜宾核燃料元件厂再次与法马通公司签订了 AFA 3G 技术转让合同，宜宾核燃料元件厂在 2001 年开始生产富集度为 4.45% 的 AFA 3G 燃料组件。2002 年 2 月，首批 AFA 3G 燃料组件装入大亚湾核电站的 2 号机组，同年 4 月，1 号机组装入 AFA 3G 燃料组件。此后，18 个月换料循环和采用 AFA 3G 燃料组件一直是我国核电厂采用的主要换料管理模式。

岭澳核电站 1 号和 2 号机组分别于 2002 年 5 月和 2003 年 1 月并网发电，开始时采用 AFA 2G 燃料组件，随后逐步过渡，于 2003 年采用 AFA 3G 燃料组件。自 2003 年起，岭澳核电站启动先进燃料管理计划（1/4 换料），提高燃料经济性和组件的卸料燃耗，采用全 M5 的 AFA 3G 燃料组件。宜宾核燃料元件厂又从法国引进了全 M5 的 AFA 3G 燃料组件制造技术。全 M5 的 AFA 3G 燃料组件于 2007 年 2 月装入岭澳核电站。

秦山二期核电站 1 号和 2 号机组分别于 2002 年 4 月和 2004 年 5 月并网发电，采用 AFA 2G 燃料组件，堆芯采用逐步过渡的方案，到 2004 年开始采用 AFA 3G 燃料组件。

田湾核电站 1 号和 2 号机组分别于 2007 年 5 月和 2007 年 8 月并网发电，采用俄罗斯 VVER-1000 燃料组件，首炉和后续 3 个换料由俄方提供，从第 4 次换料开始的后续换料组件由中核建中核燃料元件有限公司提供。为此我国从俄方引进了适用 AES-91 型压水堆核电机组所需的 VVER-1000 六边形燃料组件制造技术。2009 年，该生产线正式投产，2010 年年初开始为田湾核电站提供第 4 次换料所需的燃料组件。为实施 18 个月换料、提高电站的经济效益，1 号机组从 2011 年开始装入 6 组 TVS-2M 先导燃料组件，两台机组计划从 2014 年开始实施向 18 个月燃料循环过渡，经过 3 个过渡循环后达到平衡循环。目前，TVS-2M 燃料组件由俄罗斯生产，后续中核建中核燃料元件有限公司将引进该生产线。

秦山三期核电站 1 号和 2 号机组分别于 2002 年 12 月和 2003 年 7 月并网发电，秦山三期为加拿大 CANDU-6 型重水堆核电站，采用 CANDU-6 型燃料棒束，首炉料由加方提供。1998 年 12 月，中核北方核燃料元件有限公司引进加拿大 ZPI 公司 CANDU-6 型燃料棒束制造技术。2003 年 3 月，国产化燃料棒束开始装入秦山三期的反应堆。

后续开工建设的秦山二期扩建工程（秦山第二核电厂 3 号、4 号机组）、岭澳二期、福清、方家山、红沿河、宁德、阳江等核电厂也都采用 AFA 3G 或全 M5 的 AFA 3G 燃料组件。

除上述组件外，近 20 年来，我国还先后引进了法国 AFA 3GLE 燃料组件、美国 AP1000 燃料组件，同时，引进了美国 AP1000 燃料组件制造技术，实现了制造本地化。另外，我国还先后引进了法国 M5 合金包壳管制造技术，俄罗斯 E110 合金包壳管制造技术，加拿大 CANDU6 型燃料棒束的包壳和各种板、棒、丝材的制造技术，以及美国西屋公司 AP1000 核级锆材生产链的全部技术。在格架条带冲制方面，汕头精密仪器公司（中国与韩国合资建设）已经完成燃料定位格架条带的冲制能力建设；中核包头建立了 AP1000 燃料组件和 SAF-14 燃料组件格架条带冲制的技术能力。

2.4.2　自主化燃料组件的发展和现状

20 世纪 80 年代，在我国大陆首座核电站——秦山核电站的研发过程中，我国自主研发了 300 MWe 压水堆燃料及相关组件，并具有了与此相匹配的燃料产业能力。但后来由于核电产业发展形势的变化，此前形成的燃料产业能力在后期没有得到发展壮大。

为了确保我国核燃料供应链的自主可控，近年来，我国在燃料国产化能力建设和自主品牌燃料产品开发方面开展了大量工作，并重点以自主品牌燃料研发工作带动完整的自主燃料供应能力建设和完善。国内各核电集团均积极推进压水堆燃料组件的自主研发，其中以中核集团自主研发的 CF 燃料组件、中广核集团自主研发的 STEP 燃料组件和国家电投自主研发的 SAF 燃料组件为当前及今后一段时间国内压水堆燃料发展的主要代表。另外，由于近年来国际上 ATF 技术发展势头迅猛，国内各大核电集团也积极投入研发资源，开展了大量的 ATF 关键技术研究，在核电重大专项中专门立项了 ATF 关键技术研究课题，启动了 ATF 研究工作。

2.4.2.1　CF 燃料组件

中核集团自"十五"时期开始，针对大型压水堆商用核电站的燃料组件开展了第一阶段的研发工作，完成了转让技术资料的消化与吸收，并将其反馈到自主化燃料组件设计中。"十二五"期间，中国核动力研究设计院联合中核建中核燃料元件有限公司、中核北方核燃料元件有限公司和核电秦山联营有限公司开展了压水堆燃料组件设计制造技术第二阶段的研发工作，在燃料组件单项结构的设计改进、试验及制造技术研究方面做了大量工作，取得了进一步的研究成果。"十三五"期间，中国核动力研究设计院联合中核建中核燃料元件有限公司开展了压水堆先进自主化燃料组件关键技术专项研究，包括三维结构设计、CFD 热工水力分析和计算机辅助优化等先进的设计分析技术等，推出了 CF2 燃料组件和 CF3 燃料组件。

目前，CF2 燃料组件与 CF3 燃料组件已实现了在大型商用压水堆的辐照考验，如图 2-9 所示。CF2 燃料组件设计燃耗为 42 GWd/tU，满足 12 个月换料要求，4 组先导组件在秦山二期完成了全寿期辐照考验，目前已实现在巴基斯坦 K2 与 K3 机组的全堆芯应用。CF3 燃料组件采用自主研制的 N36 锆合金，设计燃耗达 55 GWd/tU，实堆辐照考验燃耗接近 52 GWd/tU，满足 18 个月换料要求。CF3 与 CF3 改进型先导组件完成了全部 3 个循环的辐照考验，顺利出堆并完成了池边检查，结果与设计指标相符合。目前，CF3 燃料组件在国内已实现了 2 组特征化组件及 28 组燃料组件，共计 30 组燃料组件的商用堆应用，在国外实现了巴基斯坦 K2 与 K3 机组 1/3 堆芯的批量换料应用（共计 136 组）。

新一代高燃耗 CF4 燃料组件正在研发中，其设计燃耗达 62 GWd/tU，具备 24 个月换料能力。目前，正在开展的工作包括：

①在包壳方面，基于堆外试验与堆内辐照考验件的检查数据，已完成新一代 N45 锆合金成分聚焦；

②在芯块方面，开展了添加晶粒增长助剂 $Cr_2O_3+Al_2O_3$ 粉末制备大晶粒 UO_2 芯块的研究工作，共制备了 100 多 kg 各项性能合格的大晶粒 UO_2 芯块，目前正在开展大晶粒 UO_2 芯块的各项堆外性能试验及堆内性能分析研究工作；

③在组件零部件及整组件设计方面，已完成包括高燃耗燃料棒全锆定位格架、高性能下管座在内的 CF4 燃料组件设计工作；形成了 CF4 燃料棒特征化燃料组件与 CF4 骨架特征化燃料组件等设计方案；完成了 CF4 燃料组件水力学试验、全锆定位格架静压力学性能试验等；制定了 CF4 燃料组件力学性能试验、流致振动试验及格架撞击力学性能试验方案，正在开展关键部件与组件的堆外性能验证，推进燃料棒与骨架特征化组件入堆辐照考验工作。

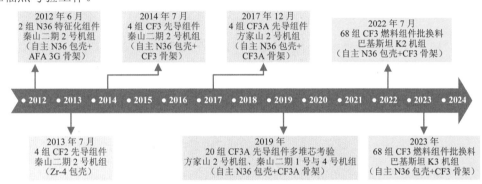

图 2-9　CF 系列燃料组件入堆辐照及应用历程

2.4.2.2　STEP 燃料组件

"十一五"期间，中广核集团依托下属中科华核电技术研究院（2015 年更名为中广核研究院）正式启动大型商用压水堆自主 STEP-12 品牌核燃料组件研发，并按照"集成创新，解决有无问题""原始创新，解决发展问题""自主替代，实现走出去"的思路，制定了近、中、远期自主核燃料研发目标。"十二五"期间，中广核研究院针对已有燃料组件的运行和制造相关经验反馈，提出燃料组件结构的改进方案，并开展燃料棒综合性能分析模型和燃料组件力学分析模型研究。同时，联合中核建中核燃料元件有限公司和国核宝钛锆业股份有限公司等，开展了压水堆燃料组件设计制造技术第二阶段的开发工作，包括燃料组件结构改进设计、相关零部件及整组件的力学和水力学试验、自主 CZ 锆合金研制、堆外试验及燃料组件制造技术研究等方面。"十三五"期间，中广核研究院继续开展自主燃料组件关键技术研究，包括燃料组件结构设计、分析、试验和制备技术，关键材料锆合金的研制及堆内外性能表征技术，辐照后燃料组件池边检查技术，燃料组件及燃料棒性能分析软件开发技术等，推出了自主品牌 STEP-12 系列燃料组件和 CZ 系列锆合金产品。

在国家核安全局的统筹支持下，中广核研究院自主研发的第一代 STEP-12A 先导组件于 2016 年在商用压水堆开展辐照考验，4 组 STEP-12A 先导组件于 2020 年完成 3 个循环的堆内辐照考验，堆内运行状态符合预期；同步开展了 4 组自主研制的 CZ 锆合金先导棒组件堆内辐照考验，共计实施了 4 个循环的商用堆辐照考验，CZ 锆合金包壳燃料棒燃耗达到 56 GWd/tU。在 STEP-12A 的基础上，融合自主研制的 CZ 锆合金包壳，形成了 STEP-12B 燃料组件。4 组 STEP-12B 先导组件 2018 年开始入堆考验，2022 年完成了 3 个循环的堆内辐照考验，经池边检查各项性能符合设计预期。在 STEP-12B 的基础上，采用 CZ 锆合金包壳管和 CZ 锆合金骨架设计，开展堆外性能试验和分析论证，形成了 STEP-12C 燃料组件，设计燃耗达 57 GWd/tU，满足核电厂 18 个月换料需求。4 组 STEP-12C 先导组件正在商用堆开展第 2 循环辐照考验，已有的第 1 循环辐照后池边检查数据表明，STEP-12C 堆内性能符合设计预期。基于 CZ 锆合金研发经验，中广核研究院研发了 AZ 锆合金，以进一步提高锆合金的性能，适应更高的燃耗需求。AZ 锆合金已完成工业规模的研制及堆外性能试验，正在开展商业堆的空管辐照考验。

2.4.2.3 SAF-14 燃料组件

国家电力投资集团依托大型先进压水堆核电站国家科技重大专项压水堆分项，在消化吸收美国西屋公司 AP1000 燃料组件的基础上，完成了 AP1000 燃料组件的国产化和 CAP1400 燃料组件（SAF-14）的设计。SAF-14 燃料组件的研发自 2012 年起分 3 个阶段开展，已历时 10 余年，2017 年年底完成了新材料堆外试验、设计定型和工艺固化，实现了组件定型，其中先导棒堆外试验涵盖显微组织、物理性能、腐蚀性能、吸氢性能、力学性能、焊接性能、高温氧化等七大类型总计 29 种试验，先导组件堆外试验涵盖热工、水力、力学、流致振动、抗磨损、临界热流密度、抗震和防异物等关键性能试验和评价。工艺固化历经纽扣锭、百千克级铸锭、1 吨级铸锭和 3 吨级铸锭 4 个轮次从实验室规模到工业规模的筛选和优化。2018 年年底在俄罗斯 MIR 堆进行小组件辐照验证并于 2022 年年中卸出堆芯。

目前，已经实现 SZA 锆合金包壳先导棒入商业堆辐照，2023 年，SZA 锆合金先导棒组件在海阳核电厂 1 号机组入堆，规划入堆考验 3 个循环，于 2027 年年底卸出堆芯。

2.4.2.4 ATF 燃料组件

目前，国内开展的 ATF 燃料组件的研发工作主要集中在涂层技术的研究上。在涂层技术方面，中国核动力研究院对涂层不同种类、不同工艺进行研究探索后，最终将工艺主线确定为多弧离子镀制备金属 Cr 涂层方向，2019 年 4 月开展了涂层包壳样品的研究堆辐照考验，2021 年研制出了全尺寸包壳管 Cr 涂层设备，小批量制备了全尺寸 Cr

涂层包壳管，并对研制的全尺寸锆合金 Cr 涂层包壳进行了质量检验和堆外性能评价。2021 年 11 月，两组 Cr 涂层燃料棒的特征化组件入福清核电厂 2 号机组辐照，2023 年 5 月完成池边检查工作，各项性能符合设计预期。目前，中核集团以 Cr 涂层与 CF3 燃料组件骨架融合作为先导组件，正准备开展其入堆辐照工作。

2023 年 9 月，两组 Cr 涂层燃料棒的特征化组件入阳江核电厂 2 号机组辐照。

2.4.3　小结

比照国外核燃料产业发展历程和趋势，反观我国现有核燃料产业发展水平，可以看出，目前我国的核燃料产业发展与国外还存在明显差距，集中体现为燃料供应保障能力的不足和可持续支撑燃料产品自主研发改进的能力短缺。

随着我国核电大发展时代的到来，自主燃料供应保障能力问题成为业内日益关注的焦点。目前，尽管通过技术转让的方式，我国从法国、俄罗斯、加拿大以及美国等不同国家引进了不同类型的核燃料生产线，但是在关键材料和关键零部件方面，仍不同程度上存在需要从国外进口的情况。技术输出国一般以第三方技术为由拒绝转让零部件及关键材料制造技术，并在前期通过相对较低的价格向我国出口零部件及原材料，压制国内相关产业能力建设空间，后期再通过逐步涨价的方式对我国的燃料供应体系形成制约。这在很大程度上对我国的燃料供应安全构成潜在风险。特别是在我国核电大规模发展的时期，其潜在影响更加显著。

以 AP1000 燃料生产线为例，目前用于 AP1000 后续机组的燃料国产化的许多关键材料和零部件均需要通过美国西屋公司进口，而美国西屋公司目前有意限制相关材料和零部件的供应量，并且对这些材料和零部件的用途提出一系列苛刻的限制条件，其制约我国完整核燃料产业能力建设的意图已经非常明显。此外，美国西屋公司等技术输出方还通过对燃料的持续改进，同步推动燃料制造技术的更新换代，造成后续零部件产品与当前制造技术存在兼容性障碍，也对我国部分依靠进口的燃料供应体系构成了新的潜在威胁。

从燃料可持续发展角度来看，与核电发达国家相比，我国的自主品牌燃料研发工作处于断断续续的状态，燃料研发技术能力、支撑燃料产品自主研发改进的产业基础能力、与燃料产品开发及应用配套的安全监管和产业政策等方面未能形成有效互补、相互促进的可持续发展模式，导致截至目前我国仅完成了 300 MWe 燃料的自主开发和批量化商业应用工作。这些不足，将影响自主品牌燃料的研发工作进展，不利于我国核燃料技术和产业的可持续提升，自主品牌燃料的工程应用仍然任重道远。

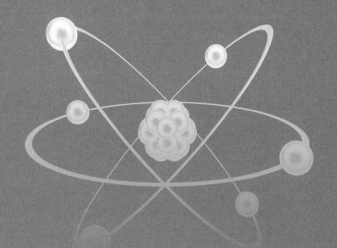

第 3 章

燃料组件的设计基准

燃料组件的设计基准及相应的准则限值应基于其设计特征和运行环境等确定，燃料组件的相关性能和安全功能应能够满足以下 4 个方面的总体要求：

①正常运行和发生预计运行事件时，燃料系统不应损伤；

②对于所有适用的核动力厂状态（包括正常运行、预计运行事件、设计基准事故和没有造成堆芯明显损伤的设计扩展工况），即使燃料系统受损伤，也不会妨碍控制棒插入堆芯；

③在设计基准事故中没有低估燃料棒失效的数目，燃料棒失效导致的场外放射性后果不应超过可接受的限值，并保持在可合理达到的尽量低的水平；

④对于事故工况（包括设计基准事故和没有造成堆芯明显损伤的设计扩展工况），应确保堆芯具有可冷却的几何形状。

燃料组件的设计基准分为燃料系统损伤、燃料棒失效和燃料可冷却性三大类。

3.1　燃料系统损伤

为了满足正常运行和发生预计运行事件时燃料系统不应损伤的要求，对于所有已知的损伤机理都要给出燃料系统损伤准则。燃料系统损伤准则应保证燃料系统尺寸维持在运行容差之内和其功能不降低到安全分析中假定的功能之下。燃料系统损伤准则应该考虑以辐照材料特性数据为基础的高燃耗的影响。一般包括以下内容：

1）应提供定位格架、导向管、套管、燃料棒、控制棒、流道盒和燃料系统其他结构部件的应力、应变或载荷限值。用类似于 ASME 规范第Ⅲ卷给出的方法计算出的应力限值是可以接受的，用其他方式给出的限值，应对其合理性进行说明。

2）燃料系统各结构部件上应变疲劳循环的累积数应小于其设计疲劳寿命。设计疲劳寿命是以适当的数据为依据的，对给出的疲劳因子、安全系数等，应给出取值依据。

3）对上面 1）提到的结构部件上接触点的磨损应加以限制。用于证明符合设计基准的磨损试验和分析应考虑格架弹簧的松弛。在安全分析报告中应说明允许的磨损，在确定上面 1）和 2）中的应力和疲劳限值时应假定这种磨损存在。

4）对氧化、氢化和腐蚀产物（水垢）的积累应加以限制，对于每一个燃料系统部件都应有具体的限值。这些限值以力学试验为基础，每个部件都要保持在可接受的强度和韧性范围内。在安全分析报告中应讨论氧化、氢化和水垢的允许水平，并证明它们是可以接受的。在上面的 1）和 2）中应假定有这些水平的氧化、氢化和水垢存在。

5）应该限制燃料棒、燃料组件、控制棒和导向管的尺寸变化（如棒弯曲或辐照生长），以防止燃料失效或超过热工水力限值。辐照生长能够导致燃料棒的上端塞与上管座之间发生干涉，最终导致棒弯曲。控制棒和导向管弯曲的原因有辐照生长的差异（由于通量梯度）、腐蚀（吸氢引起的肿胀）、应力松弛等。这些部件之间的互相干涉将影响控制棒的插入。此外，设计变更能改变通道间的压降，因而必须对这个变化进行评价。通道材料的变更也能影响生长差异、应力松弛，也必须对此进行评价。如果可能发生干涉，就需要对控制棒的可插入性进行试验，以确定其符合安全分析的假设。对于新的设计、尺寸和材料，还需要进行额外的反应堆内监测（如插入次数）。

6）燃料棒和可燃毒物棒内部气体压力应保持低于正常运行时的名义系统压力，若采用其他限值，则应基于但不限于以下最低标准并加以证明：

①正常运行期间没有包壳-芯块间隙重打开；

②包壳径向的氢化物分布没有重新取向；

③对预计运行事件和事故工况下燃料棒超压引起的额外的偏离泡核沸腾失效进行说明。

7）应对正常运行、预计运行事件以及事故工况下最不利的水力载荷情况进行评价。正常运行时最不利的水力载荷不应超过燃料组件的压紧能力。

8）必须保持控制棒的反应性和可插入性。在设计中，须考虑以下内容：

①控制棒的结构改变；

②新材料的引入；

③中子效应和机械寿命的变化；

④机械设计的变化；

⑤隔离水/冷却剂的能力。

中子效应和机械寿命的变化需要采用可接受的方法进行计算，安全分析须考虑在堆芯中随着时间的推移，中子吸收能力的减弱。

3.2　燃料棒失效

燃料棒失效准则适用于正常运行、预计运行事件和事故工况。下述第（1）～（3）条准则涉及正常运行时较为极限的失效机理，第（4）～（8）条准则涉及预计运行事件和事故工况下较为极限的失效机理。为了满足正常运行和发生预计运行事件时核燃料系统不应损伤以及事故工况下裂变产物释放的要求，对于所有已知的燃料棒失效机理都应给出燃料棒失效准则。燃料棒失效定义为燃料棒失去密封性。虽然核动力厂在运行时不可能完全避免燃料棒失效，并为处理少量燃料棒泄漏设置了净化系统，但是燃料设计仍然要保证燃料在正常运行和预计运行事件中不因明确的原因而破损（应避免某种机理性的破损，非随机破损）。在事故工况中允许燃料棒失效，但在剂量分析中必须计入这些失效。

燃料棒失效可能由燃料芯块过热、芯块-包壳相互作用（PCI）、氢化、包壳坍塌、爆破、机械断裂和磨蚀等引起。燃料棒失效准则应考虑以辐照材料性能数据为基础的高燃耗的影响。

一般来说，燃料棒失效准则应包括以下内容。

（1）氢化

内部和外部氢化均会导致锆合金包壳失效。为了防止内部氢化引起的失效（即一次氢化），在锆合金包壳制造过程中应保持很低的水蒸气和其他含氢杂质的含量。对于锆合金包壳氧化铀燃料，可接受的水蒸气含量应不大于 20 μg/g（20 ppm）。对于二氧化铀芯块，美国材料与试验学会（ASTM）现行的技术规范规格书（1989 年版）C776-89 第 45 部分规定，等效氢含量（所有来源）限制在 2 μg/g（2 ppm）。对于锆合金包壳管，可允许相应的等效水蒸气和氢含量。已经证明，在锆合金包壳内每立方厘米热空间容积中 2 mg 的水蒸气含量不足以形成一次氢化。水侧腐蚀（锆合金与水反应产生氢化锆和氧化锆）可引起外部氢化，应加以限制。

（2）包壳坍塌

如果在燃料芯块柱内因密实化产生了轴向间隙，包壳有可能向间隙内坍塌（即压扁）。因为伴随这一过程产生大的局部应变，所以坍塌（压扁）的包壳假设为失效。

（3）包壳过热

通常假定如果满足了热工裕量准则（如 DNBR 准则），则不会发生失效。对于正常运行和预计运行事件，需满足热工裕量准则（如不超过最小 DNBR 限值），对于事故工况，为进行放射性剂量计算，一般假设凡是超过这些准则的燃料棒都会失效。虽然热工裕量准则避免了由某种冷却不充分的机理引起过热，但它并不是一个必要条件［即 DNB（偏离泡核沸腾）不是一种失效机理］，而另外一些机理性方法也是可接受的。目前对其他方法还没有什么经验，但是推荐不同准则的新见解应阐述包壳温度、压力、持续时间、氧化和脆化。

（4）燃料芯块过热

通常假定如果芯块中心发生熔化则燃料发生失效。应对堆芯内任一部位的最大线功率密度进行分析，包括所有的热点因子和热通道因子，并应考虑燃耗和成分对熔点的影响。对于正常运行和预计运行事件，不允许发生芯块中心熔化。而对事故工况，为进行放射性剂量计算，一般假设凡是发生了芯块中心熔化的燃料都会失效。芯块中心熔化准则的确定，是为了保证熔融燃料的轴向或径向位置变动既不会使熔融燃料与包壳接触，也不会产生局部热点。

（5）燃料比焓过高

在低于燃料熔点时，由于反应性引入事故（RIA）而导致的燃料比焓的突然升高，会引起芯块-包壳机械相互作用而导致燃料失效，应对燃料比焓加以限制。

（6）芯块-包壳相互作用（PCI）

PCI 包括芯块-包壳化学相互作用（PCCI）和芯块-包壳机械相互作用（PCMI）。PCCI一般是由包壳因裂变产物（碘）脆变产生的应力腐蚀开裂（碘致应力腐蚀开裂）引起的，PCMI 则主要是应力驱动的失效。目前尚无统一的针对 PCMI 造成燃料失效的准则，有两个有关的准则被采用，但还不能完全防止 PCMI 引起的失效。第一条准则规定包壳的均匀应变不应超过 1%，均匀应变（弹性的和非弹性的）定义为瞬态引起的包壳变形，而稳态的蠕变和辐照生长不包括在内。需通过力学试验证明辐照后的包壳在最大限度的水侧腐蚀（氢脆）下，在 1%的应变时仍能很好地保持韧性。试验表明，在高燃耗甚至中等燃耗下，气体肿胀和燃料热膨胀是引起包壳应变的主要原因。因此，预计运行事件和事故工况下，对包壳应变的分析应该使用经批准的燃料热膨胀和燃料气体肿胀模型。虽然遵守这一应变限值能够防止一些 PCMI 失效，但是它既不能防止在低应变下发生的由腐蚀促成的失效，也不能防止芯块外径处掉块导致的局部高应变所引起的失效。第二条准则规定应避免燃料熔化。与熔化相关的体积增加，可能使中心熔化的芯块对包壳产生应力。防止燃料熔化就能避免这种芯块-包壳相互作用。有一些限制 PCMI 的功率调节和功率提升速率的燃料设计限值。这些限值主要是基于对特定燃料设计的试验堆的RAMP 试验数据。

（7）爆破

由于爆破与应急堆芯冷却系统（ECCS）的性能评价有关，ECCS 性能评价模型应该包括包壳温度分布和包壳内外压差引起的包壳鼓胀和破裂的计算。典型的破裂温度-压力曲线类似于 NUREG-0630（Zr-4 包壳）中给出的曲线。此外，由非 LOCA 事故引起的包壳爆破也需要进行评价，并根据其对包壳温度与放射性后果的影响进行处理。

（8）机械断裂

机械断裂涉及燃料棒中由外力引起的缺陷，如水力载荷或因堆芯板移动而产生的载荷。如果外力小于在相应温度下的辐照后屈服应力的 90%，则可认为包壳保持完整，采用其他限值应进行证明。地震和 LOCA 事故分析的结果应表明，燃料棒不会因机械断裂机理而失效。

3.3　燃料可冷却性

燃料可冷却性准则适用于事故工况，为了满足事故工况下控制棒可插入性和堆芯可冷却性的要求，对于所有严重损伤机理都应给出燃料可冷却性准则。可冷却性，或者说可冷却的几何形状，按照传统的说法，意味着燃料组件保持其棒束几何形状，并有足够的冷却剂通道排出余热。可冷却性的降低由以下原因产生：包壳脆化、燃料剧烈爆炸、包壳整体熔化、燃料棒极端鼓胀以及大的结构变形。

一般来说，燃料可冷却性准则应包括以下内容。

（1）包壳脆化

ECCS 性能分析须满足燃料设计准则，这些准则通过保持燃料包壳中足够的淬火后韧性来确保实现可冷却的堆芯几何形状。典型的准则要求如下：

①包壳的最高温度保持在 1 204℃以下；

②包壳最大氧化膜厚度小于包壳壁厚的 17%。

这些准则最初是在未辐照锆试样的基础上研究出来的。锆合金成分、制造工艺和堆内腐蚀改变了燃料包壳材料的淬火后特征。国际上正在开展辐照对包壳性能的影响（如吸氢）研究，并以此制定新的准则，新准则将规定包壳淬火后的性能要求，为新锆合金包壳材料设立具体的限值给出一个合适的方法。未来的包壳材料须遵守新准则中的淬火后性能要求，并给出用于支持新包壳材料指定限值的经验数据。

（2）燃料剧烈爆炸

在严重的反应性事故（如弹棒事故）中，燃料中大量快速聚集的能量能够引起燃料熔化、碎裂和弥散。燃料弥散相关的机械作用能大到足以破坏燃料的包壳和棒束几何形状，并在一回路系统中产生压力脉冲，因此须给出相关限制准则。

（3）包壳整体熔化

包壳的整体熔化（非局部熔化）能使燃料失去棒束几何形状。上述包壳脆化准则比熔化准则更为严格，因此无额外的具体准则。但是这一情况不一定适用于新型锆合金。

（4）燃料棒极端鼓胀

在堆芯流量分布的分析中必须考虑燃料棒包壳鼓胀所产生的爆破应变和流动阻塞。爆破应变和流动阻塞模型应以适用的数据为基础：

①正确评价导致爆破的温度和压差；

②不低估最终的包壳鼓胀程度；

③不低估与之相关的组件流通面积的减小。

在预计运行事件和其他非 LOCA 事故中，由于燃料棒的压力超过系统压力使鼓胀的可能性增加，应评价包壳鼓胀引起的 DNB 扩展的可能性，不应低估非 LOCA 事故引起鼓胀的影响。为防止这些事故发生 DNB 扩展，可以提供包壳鼓胀限值（周向应变）。

（5）大的结构变形

应考虑地震叠加 LOCA 事故载荷分析论证核燃料组件的结构响应，确保堆芯具有可冷却的几何形状。

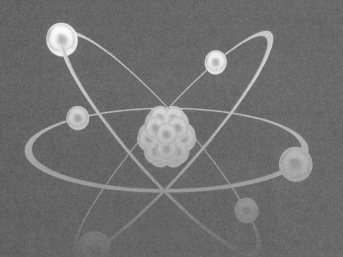

第 4 章

燃料组件设计的法规标准

我国核电行业采用法规标准的原则是要满足我国的法规标准（如 GB、HAF、HAD 和行业标准等）要求，并积极采用国际先进标准［如 ISO、IAEA 制定的标准，ASME（Ⅲ）、ANSI、ASTM 和 RCC 等］。

4.1　锆合金材料法规标准

针对核级锆合金的国家标准比较少，目前，国内有 3 个标准对早期的第一代核级锆合金（Zr-0、Zr-2、Zr-4）的牌号和性能进行了规定，这 3 个标准分别是 GB/T 26314、GB/T 26283 和 GB/T 8769，其对应的 ASTM 标准的牌号分别为 UNS R6000l、UNS R60802、UNS R60804。而其他与锆合金材料相关的国家标准或行业标准都不是针对核级锆材的，或者是民用锆材和核级锆材的通用标准，或者和核级锆材无关。对于我国新开发的锆合金材料，更是没有统一的对产品性能的要求。从这一点来说，我国的核级锆合金材料的标准严重落后于国际和国内对核级锆合金的要求。国际上开发的新型锆合金，如美国西屋公司的 ZIRLO 和法国法马通公司的 M5，均没有制定相应的 ASTM 标准，而只制订企业标准供内部使用。我国可以参考这些企业标准制定适合自己国情的相应标准。

我国制定得最早的核工业用锆合金材料标准是 1988 年由原宝鸡有色金属加工厂（宝钛集团的前身）起草的《核工业用锆及锆合金铸锭》（GB 8767—88）、《核工业用锆及锆合金无缝管》（GB 8768—88）、《核工业用锆及锆合金棒、线材》（GB 8769—88），这三项国家标准分别是以 ASTM B 350、ASTM B 353 和 ASTM B 351 为蓝本制定的，在我国压水堆燃料元件发展过程中曾起到重要作用。然而，历经多次修订换版之后，这三项标准的名称删除了"核工业用"，成为民用锆材和核级锆材的通用标准。而且该三项标准版本较早，所依照的蓝本分别是 1996 年、1995 年和 1997 年的版本。另外，在 ASTM B 353—95 中还明确规定：燃料棒包壳管的制造应遵循《核反应堆燃料包壳的锆合金无缝管》（ASTM B 811—90）。因此，这 3 个国家标准的适用性还有待考证。除此之外，我国没有核工业用锆及锆合金带材和板材的标准，即 ASTM B 352—97。

我国的锆合金材料国家标准主要由全国有色金属标准化技术委员会组织制定，而核工业标准化研究所基本未开展或参与过相关国家标准和行业标准的制定，所以在一定程度上造成了核工业用锆材标准缺乏系统性和完整性，并且也没有充分考虑到核级锆材较普通锆材的质量要求更为严格的现状。

4.1.1　国内相关法规导则

法规和导则属于核电标准体系的第三层次。法规是必须遵守的行政法规，具有"法"的含义，有强制性。而导则提出了解决问题的方法和建议，是推荐采用的实施方法，由政府管理部门（如国家核安全局）发布，如无更好的替代方法，必须执行，所以同样具有一定的强制性。这个层次的规定大多还属于一些原则上的规定，一般无具体的实施方法。下面给出一些与锆包壳及其材料相关的法规和导则。

1)《核动力厂设计安全规定》（HAF 102—2016），其 6.1.1 节规定了燃料元件和燃料组件性能的原则性要求，是制定燃料元件和燃料组件各项标准规定的依据。

2)《核动力厂反应堆堆芯设计》（HAD 102/07—2020），其 3.4 节规定了燃料棒和燃料组件热工机械设计的具体要求，附件 Ⅱ 描述了燃料棒、燃料组件、反应性控制组件、中子源组件和阻流塞组件设计中涉及的典型的辐射和环境方面的重要考虑。

3)《核动力厂运行限值和条件及运行规程》（HAD 103/01—2004），其第 3 章比较全面地规定了燃料元件的安全限值，如燃料温度、包壳温度、反应性引入速率等。

4)《核燃料组件采购、设计和制造中的质量保证》（HAD 003/10—1989），规定了核燃料组件采购、设计和制造中的质量保证，燃料组件设计管理，燃料组件制造工艺控制，附录给出了燃料设计、制造中需考虑的性能、工艺、控制等。

4.1.2　国内相关标准

标准和规范属于核电标准体系的第四层次。这个层次的规定较第三层次细化了很多，内容相对具体、详细，针对性强，是进行具体设计、制造、施工、运行可参考的文件。我国的标准一般由行业主管部门发布（如原国家技术监督局、原国防科学技术工业委员会、各工业部、各集团公司）。因此，在国内或本部门内有法定效力。

表 4-1 是国内有关锆合金材料的标准，作为对比，也给出了其对应的国外标准。在新型锆合金材料的研发、生产中可参照执行。

下面从表 4-1 列出的各项标准中摘录与锆材相关的主要内容或要求，供从业人员参考。

表 4-1　国内外有关锆合金材料的标准

标准类别	内容说明	国内标准号	国内标准名称	国外同类标准
原材料	锡锭	GB/T 728—2020	锡锭	ASTM B339—93　锡锭
	纯铁	GB/T 9971—2017	原料纯铁	—
	铌板	GB/T 3630—2017	铌板材、带材和箔材	ASTM B393—2000　铌及铌合金带材、薄板和中厚板 ASTM B392—2003　铌和铌合金棒材、线材和丝
	海绵锆	YS/T 397—2015	海绵锆	ASTM B349/B349M—2009　用于核应用的海绵锆和原生金属其他形式用标准规范
	铸锭	GB/T 8767—2010（非核工业用）	锆及锆合金铸锭	ASTM B350/B350M—2011　核应用锆和锆合金铸锭标准规范 ASTM B495—2010　核用锆和锆合金铸锭的标准规范
锆合金	板材、带材	GB/T 21183—2017（非核工业用）	锆及锆合金板、带、箔材	ASTM B352/B352M—2011　核应用锆及锆合金板、薄板和带材标准规格 ASTM B551/B551M—2012　锆及锆合金板、薄板及带材标准规格
	管材	GB/T 26283—2010（非核工业用）	锆及锆合金无缝管材	ASTM B353—2012　核设施（核燃料包壳除外）用锻制锆及锆合金无缝管的标准规格 ASTM B811—2013　核反应堆燃料包壳用锻制锆合金无缝管的标准规格 ASTM B523/B523M—2012a　无缝和焊接锆及锆合金管标准规格

标准类别	内容说明	国内标准号	国内标准名称	国外同类标准
锆合金	棒材、线材	GB/T 8769—2010（非核工业用）	锆及锆合金棒材和丝材	ASTM B351/B351M—2013　核设备用热轧和冷加工锆和锆合金棒材、杆材和线材的标准规格
				ASTM B550/B550M—2007（2012）　锆及锆合金棒材和线材标准规格
				ASME II B SB-550/SB-550M—2003　锆和锆合金棒材和线材用规范
	锻件			ASTM B493/B493M—2008e1　锆及锆合金锻件的标准规范
				ASTM B653/B653M—2011　无缝和焊接锆及锆合金锻造坯件标准规格
				ASME II B SB-493—2003　锆和锆合金锻件用规范
	化学成分	GB/T 26314—2010	锆及锆合金牌号和化学成分	—
检验	氧、氢、氮、碳	—	—	ASTM E146—80　已废止
		—	—	ASTM E146—80　已废止
	表面粗糙度	—	—	ISO 468—1982　表面粗糙度
	单轴拉伸性能	—	—	ASTM E8/E8M—2013a　标准测试方法金属材料的拉伸试验
	环向拉伸性能	—	—	ASTM E453—1979（2001）　燃料元件的包覆检验包括机械性能的测定
	蠕变	—	—	ASTM E139—2006　金属材料传导蠕变、蠕变断裂和应力断裂的标准试验方法

标准类别		内容说明	国内标准号	国内标准名称	国外同类标准
检验		腐蚀	EJ/T 1028—2014	锆-锡合金包壳燃料棒焊区腐蚀试验	ASTM G2/G2M—2006　锆、锆及其合金的产品在680F（360℃）的水中或750F（400℃）的蒸汽中腐蚀性测试的试验方法
		内部缺陷	GB/T 5777—2019	无缝钢管超声波探伤检验方法	RCC-C　压水堆核电站核燃料组件设计和建造规则 RCC-M2000 版的 MC 篇　压水堆核岛机械设备设计建造规则 ASTM B353—95　核设施用形变锆和锆合金无缝管和焊接管
		金相	—	—	ASTM E3—2011　金相试样制备标准指南
		晶粒度	GB/T 6394—2017	金属平均晶粒度测定法	ASTM E112—2013　金属平均晶粒度测定标准
		氢化物取向	—	—	ASTM E353—1993（2006）　不锈钢、耐热钢、马氏体钢和其他类似的铬镍铁合金化学分析的试验方法

1)《锆及锆合金铸锭》（GB/T 8767—2010），铸锭的化学成分要求如表 4-2 所示。

表 4-2　铸锭的化学成分　　　　　　　　　　　　单位：%

元素	含量	元素	含量
Sn	0.8～1.05	Pb	≤0.013
Fe	0.25～0.35	Si	≤0.012
Cr	≤0.020	Ti	≤0.005
Nb	0.8～1.05	V	≤0.005
Al	≤0.007 5	W	≤0.010
Cd	≤0.000 5	Cl	≤0.010
Co	≤0.002	Hf	≤0.010
Cu	≤0.005	B	≤0.000 5
Mg	≤0.002	C	≤0.012
Mn	≤0.005	O	0.09～0.13
Mo	≤0.005	N	≤0.008
Ni	≤0.007	H	≤0.002 5

2)《锆及锆合金棒材和丝材》（GB/T 8769—2010），棒材的尺寸允许偏差如表 4-3 所示，丝材的尺寸允许偏差如表 4-4 所示，棒材的化学成分如表 4-5 所示。

表 4-3　棒材的尺寸允许偏差　　　　　　　　　　单位：mm

直径或边长		尺寸允许偏差		
		冷加工	热加工	
			带氧化皮	车（磨）光
圆棒	>7.0～13	±0.05	±1.0	+0.5 0
	>13～25	±0.05	±1.5	+0.5 0
	>25～38	±0.06	±2.0	+0.75 0
	>38～50	±0.08	±2.0	+0.75 0
	>50～100	±0.08	±3.0	+1.5 0
	>100～150	—	±4.0	+3.2 0

直径或边长		尺寸允许偏差		
		冷加工	热加工	
			带氧化皮	车（磨）光
方棒	>7.0～13	±0.04	±1.0	+0.5 0
	>13～25	0 -0.10	±1.5	+0.5 0
	>25～50	0 -0.15	±2.0	+0.75 0
	>50～75	0 -0.20	±3.0	+1.5 0
	>75～100	0 -0.25	±3.0	+1.5 0
	>100～150	—	±4.0	+3.2 0

表 4-4　丝材的尺寸允许偏差　　　　　　　　　　单位：mm

直径或边长	尺寸允许偏差	
	碱酸洗或冷加工表面的丝材	磨光（并抛光）的丝材
0.8～1.1	±0.03	±0.02
>1.1～7.0	±0.05	±0.025

表 4-5　棒材的化学成分　　　　　　　　　　单位：%

元素	含量	元素	含量
Sn	0.8～1.05	Si	≤0.012
Fe	0.25～0.35	Ti	≤0.005
Cr	≤0.020	V	≤0.005
Nb	0.8～1.05	W	≤0.010
Al	≤0.007 5	Cl	≤0.010
Cd	≤0.000 5	Hf	≤0.010
Co	≤0.002	B	≤0.000 5
Cu	≤0.005	C	≤0.012
Mg	≤0.002	U	≤0.000 35

元素	含量	元素	含量
Mn	≤0.005	O	0.09～0.13
Mo	≤0.005	N	≤0.008
Ni	≤0.007	H	≤0.002 5
Pb	≤0.013		

4.2　包壳法规标准

锆合金作为燃料棒包壳的材料，须满足燃料设计对包壳的各项法规要求。

（1）《压水堆核电厂反应堆系统设计　堆芯　第 3 部分：燃料组件》（NB/T 20057.3—2012）

该标准按照 GB/T 1.1—2009 给出的规则起草，代替《压水堆核电厂燃料组件设计准则》（EJ/T 323—1998），是燃料组件设计准则，其中，对包壳设计有如下要求：

在 Ⅰ 类、Ⅱ 类工况下：

1）包壳自立准则

寿期初功率运行时最大冷却剂压力下和热态水压试验中，燃料棒包壳应是自立的。

2）包壳蠕变坍塌准则

在整个设计寿期内，燃料棒包壳不应发生蠕变坍塌。

3）包壳应力准则

在整个设计寿期内，包壳的体积平均有效应力不应超过考虑了温度和中子辐照影响的包壳材料屈服强度。

4）包壳应变准则

在整个设计寿期内，稳态运行时，从未辐照状态算起的包壳周向拉伸应变（塑性应变和蠕变）通常应低于 1%；对每一瞬态事件，包壳周向拉伸应变（弹性、塑性应变和蠕变）通常不应超过由当时稳态工况算起的应变的 1%。

5）包壳疲劳准则

燃料棒包壳累积的应变疲劳损伤因子应满足式（4.1）：

$$\sum \frac{n_i}{N_i} \leq 1 \tag{4.1}$$

式中，n_i —— i 模式下的循环次数；

　　　N_i —— i 模式下的允许循环次数。

注：允许循环次数取下列较小者：

——在实际应力幅下达到破坏时的循环次数除以 20；

——在 2 倍实际应力幅下达到破坏时的循环次数。

6）包壳腐蚀和磨蚀准则

设计寿期末，包壳均匀腐蚀深度或磨蚀深度应小于包壳名义壁厚的 10%。

7）包壳温度准则

对锆-锡合金，包壳表面（氧化物与金属界面处）温度准则如下所述：

——对稳态运行，锆-锡合金包壳表面温度不应超过 400℃；

——对短期瞬态运行，锆-锡合金包壳表面温度不应超过 425℃。

其他锆合金包壳按相关规定执行。

（2）《压水堆核电厂燃料系统设计限值规定》（EJ/T 1029—1996）

该标准对燃料系统设计给出了设计限值，其中，对包壳设计的要求包括包壳应力准则、包壳应变准则、包壳疲劳准则、包壳腐蚀和磨蚀准则、包壳温度准则、包壳自立准则、包壳蠕变坍塌准则和燃料棒内压准则，与《压水堆核电厂反应堆系统设计　堆芯　第3 部分：燃料组件》（NB/T 20057.3—2012）中的准则是一致的，在此不再赘述。

此外，还规定：

1）包壳的锡含量宜取 1.20%（W/W）～1.50%（W/W），其他化学成分、力学性能等设计限值按 GB/T 8768 的规定执行。

2）在Ⅲ类、Ⅳ类工况下，对冷却剂丧失事故（LOCA）：

①计算的包壳最高温度不应超过 1 204℃；

②计算的包壳最大氧化厚度不应超过包壳初始厚度的 17%。

3）对单个控制棒组件的弹出事故：

①燃料棒在其任何轴向位置上的径向平均比焓，对新燃料棒不应大于 941 J/g（225 Cal/g），对辐照过的燃料棒不应大于 836 J/g（200 Cal/g）；

②在瞬态任何时刻，包壳温度不应超过 1 480℃；

③在瞬态任何时刻，燃料棒在其热点的局部位置，熔融的燃料体积不应超过该处燃料总体积的 10%。

4）寿期末，锆-锡合金导向管各横截面按壁厚平均的最大氢含量应低于 0.05%（W/W）。

（3）《压水堆燃料组件机械设计和评价》（EJ/T 629—2001）

这是压水堆燃料组件机械设计和评价方面的重要标准，分别以 ANSI/ANS-57.5 的 1981 年版和 1996 年版为蓝本制定和修订。法国曾将 ANSI-57.5—1981 的内容直接写入 RCC-C 中，可见对燃料组件机械设计和评价而言，这部分内容在法国和美国都是通用的。

对包壳设计而言：

1）腐蚀

①应在代表反应堆运行的条件下取得燃料组件材料的腐蚀数据；

②计算燃料芯块和包壳温度时，必须考虑传热表面上积累的腐蚀膜和结垢对传热的影响；

③必须考虑制造工艺（如冷加工、热处理、应力消除、焊接和表面处理）对腐蚀行为的影响。

2）锆合金氢化控制

为了将一次氢化造成的锆合金包壳穿孔减少到最低限度，必须确定燃料棒和可燃毒物棒内最大可接受的当量氢含量。

3）磨蚀

定位格架应尽量抑制棒和支承表面之间的相对运行，以防止燃料棒包壳因过度磨损而破损或明显降低承受运行载荷的能力。

4）包壳坍塌

燃料棒必须设计成使包壳不会因长期蠕变效应而坍塌。包壳坍塌指包壳陷入燃料柱内短而无支撑的间隙。设计者应当规定包壳坍塌准则。验证是否满足这一要求时，需要考虑下列效应：

①燃料棒比燃耗和功率水平对燃料棒内压的影响，包括保守地低估裂变气体释放的影响；

②燃料芯块辐照密实和填充气体在燃料内的溶解度；

③燃料棒功率史；

④部件尺寸公差和填充气体压力公差的最不利组合。

5）芯块-包壳相互作用和包壳的应力腐蚀开裂

经验表明，在设计寿期末之前的反应堆正常运行模式下，燃料棒的包壳可能破损。在一些情况下，这些破损起因于包壳内表面起始的应力腐蚀裂纹，而应力腐蚀裂纹往往是燃料芯块与包壳之间机械相互作用产生的局部包壳应力，以及某些裂变产物的联合作用而产生的。设计中应阐明用于评定破损机理的方法，以及保证达到评价可接受低破损概率的设计特征、反应堆负荷和功率机动动作的限制和燃料负荷。

6）垢引起的局部腐蚀

应说明垢沉积对可能导致包壳表面腐蚀率增加的潜在影响。这样的垢沉积可能同包壳产生化学相互作用，或可能使局部传热特征改变。尽管可以通过适当选择反应堆冷却剂系统的材料和电厂水化学使垢沉积减少到最小限度，但是燃料组件设计应尽可能地抵抗垢沉积的有害作用。

4.3　燃料组件法规标准

燃料组件设计准则主要有燃料棒设计准则、燃料组件设计总则、燃料组件机械设计准则和燃料组件热工水力设计准则。

4.3.1　燃料组件设计总则

《压水堆核电厂反应堆系统设计　堆芯　第 3 部分：燃料组件》（NB/T 20057.3—2012），关于燃料组件设计的总体要求如下：

1）在工况Ⅰ、工况Ⅱ下，燃料组件在设计寿期内不发生预期的包壳破损；可能发生的少量包壳的随机破损，其所释放的放射性物质也应在净化系统的净化能力之内，并符合核电厂设计基准。

2）在工况Ⅲ下，堆芯中破损燃料棒数不应超过燃料棒总数的一个小的份额。

3）在工况Ⅳ后，燃料棒的破损不应对公众健康和环境造成超过标准的危害，堆芯应保持可冷却的几何形状，反应堆应处于次临界状态。

关于燃料棒的设计，有如下要求：

1）燃料温度准则：燃料芯块的最高温度应低于相应的熔点，熔点的取值应考虑到燃耗等因素的影响。

2）燃料棒弹簧准则：在辐照前的制造、运输和操作过程中，燃料棒气腔中设置的弹簧应使二氧化铀芯块柱在受到 4 g（g 为重力加速度）轴向加速度时不发生轴向窜动。

3）燃料棒内压准则：在整个设计寿期内，燃料棒内压应低于能使燃料芯块-包壳接触后重新出现径向间隙或者使间隙变大的值。

4）燃料棒当量水含量准则：在反应堆稳态额定功率运行工况下，燃料棒内自由热空间的当量水含量应低于 2 mg/cm^3。所谓自由热空间包括轴向气腔、芯块-包壳环形间隙、芯块碟形、芯块倒角、芯块开气孔体积、芯块中心开孔空间等。

关于燃料组件的设计，有如下要求：

1）燃料组件所用各种材料应符合国家标准和行业标准的要求。

2）以合适的方式使燃料棒在燃料组件中定位和燃料组件在堆芯中定位，以构成并维持其在工况Ⅰ、工况Ⅱ下可满足物理、热工-水力等要求的几何形状及径向、轴向位置。

3）考虑到所有尺寸变化因素，应允许燃料棒和燃料组件轴向和径向膨胀。

4）燃料组件应能承受工况Ⅰ、工况Ⅱ下流体产生的振动、腐蚀、升力、压力波动和流动不稳定性等各种作用。

5）燃料组件应设置导向管和仪表管，为控制棒提供通道，或容纳可燃毒物棒、中子源棒、阻流塞及堆芯测量装置，并为它们提供足够的冷却剂流量。导向管设计应考虑到快速落棒要求和为快速落棒行程末端提供必要的缓冲，并能承受压力瞬态作用和控制棒动作引起的磨蚀与冲击。

6）燃料组件在堆内应能承受横向和轴向载荷作用，在各种可能的载荷作用下，应保证燃料组件不会出现结构失稳。

7）应采取适当的措施防止异物进入燃料组件。

8）对工况Ⅰ、工况Ⅱ载荷，应按下述规定进行部件强度设计：

①奥氏体钢部件应力强度按最大剪应力理论计算，设计应力强度 S_m 取下述最低值：

● 室温下规定的最小抗拉强度的 1/3 或规定的最小屈服强度的 2/3；

● 工作温度下抗拉强度的 1/3 或屈服强度的 90%，但不超过室温下规定的最小屈服强度的 2/3。

②锆合金部件（不包括锆合金包壳管）最大主应力不超过未辐照的、工作温度下的锆合金屈服强度，或用最大剪应力理论评价锆合金部件设计。

9）对工况Ⅲ、工况Ⅳ载荷，燃料组件各部件的变形不能影响控制棒的插入和燃料棒的应急冷却。

10）在确定定位格架屈曲强度时，应取未辐照格架在运行温度下 95% 置信度水平的平均屈曲强度作为定位格架临界屈曲强度值。在设计基准事故下，定位格架所受到的冲击载荷应低于定位格架临界屈曲强度值。

11）在横向 6 g 和轴向 4 g 非运行载荷下，燃料组件及其部件应保持几何稳定性。

12）堆芯中所有燃料组件在结构上应具有互换性。

13）燃料组件应为其操作、运输和装卸提供抓取和接触部位，并应能承受相应操作、运输和装卸时的载荷，以及与所有相关设备相容。

14）燃料组件应设置必要的标识。

4.3.2　燃料组件机械设计准则

《压水堆燃料组件机械设计和评价》（EJ/T 629—2001）中关于燃料组件的机械设计，有如下要求：

对结构部件，应规定适用于每类设计工况的下列机械设计限值：

1）对与时间无关的效应，应验证一次加二次应力（S）小于 $0.7S_u$，即

$$S < 0.7S_u \tag{4.2}$$

式中，S_u—— 材料的强度极限，Pa。

2）对承受循环载荷的部件，其疲劳累积损伤因子必须小于 1.0，即

$$\sum \frac{N_i}{(N_f)_i} < 1.0 \tag{4.3}$$

式中，N_i—— 在给定的有效应力或应变范围下的循环次数；

$(N_f)_i$—— 在给定有效应力或应变范围下达到结构失效的循环次数。

3）对与时间有关的效应，将在每一给定应力水平上的实际工作时间（t_i）除以在该应力水平上的结构失效时间（$t_f)_i$，再累加求和，其和必须小于 1.0；而且相应的蠕变应变（ε_i^c）除以结构失效蠕变应变（$\varepsilon_f^c)_i$ 的累加之和，也必须小于 1.0，即

$$\sum \frac{t_i}{(t_f)_i} < 1.0 \tag{4.4}$$

$$\sum \frac{\varepsilon_i^c}{(\varepsilon_f^c)_i} < 1.0 \tag{4.5}$$

4）应验证可能引起结构不稳定性的任一载荷（P）小于引起结构失稳破坏的临界值（P_c），即

$$P < P_c \tag{4.6}$$

5）应验证部件的循环裂纹生长速率 $\left(\dfrac{\mathrm{d}a}{\mathrm{d}N}\right)$ 的积分，得到最终的裂纹尺寸小于突然破坏的裂纹尺寸的临界值（a_c），即

$$a_0 + \int_{N_0}^{N_d} \left(\frac{\mathrm{d}a}{\mathrm{d}N} \right) \mathrm{d}N < a_c \tag{4.7}$$

式中，a_0 —— 生长最大可接受缺陷的初始长度，μm；

N_0 —— 对缺陷初始生长所必需的载荷循环次数；

N_d —— 设计的载荷循环次数；

$\left(\dfrac{\mathrm{d}a}{\mathrm{d}N} \right)$ —— 裂纹生长速率，即每次载荷循环的延伸；

a_c —— 突然破坏的临界裂纹长度，μm。

6）部件受单一拉伸载荷时，计算的最大应力强度因子（K_1），应小于同样条件下计算的临界应力强度因子（K_{1C}），即

$$K_1 < K_{1C} \tag{4.8}$$

关于机械设计裕量，设计者必须论证，试验或分析预测中的固有不确定性不会导致个别功能要求得不到满足，从而保证设计具有足够的裕量。设计者可从下述方法中选择一种或几种来证实设计具有合适的裕量：

①概率分析法：在该方法中，自变量偏差是按统计规律组合的；

②敏感性分析法：在该方法中，因变量的变化是作为自变量公差带的函数推算的；

③最坏情况分析法：在该方法中，每个自变量都故意偏向于产生最不利后果，以此来推算因变量；

④组合分析法：在该方法中，某些自变量按最坏情况确定，而另一些自变量按统计方法确定或选取名义值并按其敏感性加权确定；

⑤引用试验数据或运行性能分析法：证明设计满足给定设计工况下具体的功能要求。

4.3.3 其他设计准则

《压水堆燃料组件机械设计和评价》（EJ/T 629—2001）除燃料组件机械设计准则外，有以下方面的要求：

（1）材料性能

为了进行具体的评价，在材料性能选择方面应该满足下列通用准则：

①设计者在评价燃料组件各零部件的性能时，既要考虑未辐照材料的性能，又要考虑辐照后材料的性能；

②应通过对燃料微观组织再分布、功率峰和贮能的评价，来确定辐照引起的燃料密实；

③应采用与部件预计温度相应的材料性能数据来考虑温度对各种材料性能的影响；

④选用与中子注量率或注量有关的材料性能数据时，应说明中子注量率能谱的影响。

（2）腐蚀

用下述准则评价燃料组件各零部件的腐蚀对其性能的影响：

①应在代表反应堆运行的条件下取得燃料组件材料的腐蚀数据；

②计算燃料芯块和包壳温度时，必须考虑传热表面上积累的腐蚀膜和结垢对传热的影响；

③必须考虑制造工艺（如冷加工、热处理、应力消除、焊接和表面处理）对腐蚀行为的影响。

（3）磨蚀

定位格架应尽量抑制燃料棒和支承表面之间的相对运行，以防止燃料棒包壳因过度磨损而破损或明显降低承受运行载荷的能力。

定位格架设计及其在燃料组件内定位的合理性，需通过在有代表性的冷却剂温度、压力、流量和化学条件下的试验或分析来确认。

初始设计应遵循下列准则：

①确定燃料棒定位格架的轴向跨距时，必须考虑已知的或预测的激振频率；

②用试验或分析法验证定位格架设计的合理性时，必须考虑那些造成定位格架栅元对燃料棒的夹持力减小的因素，如支承弹簧应力松弛、包壳向内蠕变、不同热膨胀和格架条带横向辐照生长等。对于新燃料组件的定位格架，必须规定初始夹持力的范围；

③必须考虑燃料组件内和燃料组件相互之间的流量重新分配（如上、下管座及格架处）以及堆芯围板结合处流体喷射可能引起的横向流；

④设计者必须对包壳磨蚀及其对有关分析的影响进行分析或试验。

（4）燃料组件压紧力

对于采用压紧结构（如弹簧）的设计，为了适应水力载荷的作用，设计者必须证明考虑了如下因素后，压紧结构仍具有足够的压紧力：

①压紧弹簧的应力松弛；

②工况Ⅰ预计的最大流速；

③燃料组件压降，包括由于燃料组件内结垢沉积可能引起的压降增加；

④燃料组件和支承结构尺寸公差的组合；

⑤燃料组件和堆内构件之间的热膨胀差；

⑥燃料组件辐照生长。

（5）燃料棒轴向生长允许量

燃料棒和燃料组件管座之间必须留有足够的轴向间隙，以补偿燃料组件设计寿期内预计的零部件尺寸变化。验证这一要求是否满足时，需考虑：

①燃料棒和燃料组件骨架之间的轴向热膨胀差和辐照生长差（包括燃料和包壳之间相互作用引起的包壳轴向伸长）；

②尺寸公差；

③燃料组件骨架轴向压缩和蠕变变形。

（6）燃料棒内压

由包壳蠕变、鼓胀和坍塌引起的燃料棒内压变化，对燃料棒的性能有显著的影响。因此，必须考虑整个寿期内燃料棒内压发生的变化。燃料棒内压计算需要考虑以下效应：

①燃料芯块和包壳之间不同的热膨胀（轴向和径向）；

②燃料芯块的辐照肿胀；

③不挥发裂变产物的积累；

④填充气体在燃料内的溶解度；

⑤燃料芯块的端部碟形、开裂和开口孔内的气体温度高于芯块和包壳之间环形间隙内的气体温度；

⑥燃料的气态裂变产物释放；

⑦燃料的辐照密实；

⑧包壳的辐照生长和辐照蠕变以及包壳的热蠕变；

⑨初始填充气体压力和零部件尺寸的预期变化；

⑩燃料材料吸附气体的释放。

（7）包壳坍塌

燃料棒必须设计成使包壳不会因长期蠕变效应而坍塌。包壳坍塌指包壳陷入燃料柱内短而无支撑的间隙。设计者应当规定包壳坍塌准则。验证是否满足这一要求时，需要考虑下列效应：

①燃料棒比燃耗和功率水平对燃料棒内压的影响，包括保守低估裂变气体释放的

影响；

②燃料芯块辐照密实和填充气体在燃料内的溶解度；

③燃料棒功率史；

④部件尺寸公差和填充气体压力公差的最不利组合。

（8）燃料棒弯曲

应确定燃料棒可接受的弯曲量。评价中，设计者需考虑下列弯曲效应：

①燃料和慢化剂体积比的局部变化对燃料棒局部峰值功率水平的影响；

②子通道冷却剂流动的变化对偏离泡核沸腾裕量或临界热流的影响；

③预计的燃料棒弯曲量对控制棒运动的影响。

（9）燃料组件弯曲和扭转

设计中应该按以下要求来考虑燃料组件可接受的弯曲和扭转量：

①应证明燃料装卸设备和贮存装置能接纳预计的燃料组件弯曲和扭转的最大值；

②评价燃料组件弯曲和扭转对控制棒运行的影响（如通过抽插摩擦阻力）；

③评价燃料组件弯曲和扭转对局部功率和冷却剂流量分配的影响。

（10）部件冷却剂流量

设计必须考虑为燃料组件内的部件（如控制棒、可燃毒物棒、中子源和测量装置）提供足够的冷却剂流量。在确定足够的冷却剂流量时，需考虑设计的最小压头和对最大流动阻力有贡献的因素，如部件的尺寸公差、表面粗糙度、腐蚀、结垢、发热率、不同热膨胀和辐照引起的尺寸变化。

（11）燃料组件装卸

燃料组件设计应按照下列要求为所有预计到的燃料组件装卸活动提供保证：

①燃料组件可按 HAF 0410 附录Ⅳ的规定进行标识，并应便于识别组件在堆内的方位；

②燃料组件能承受正常操作载荷，包括使用前和使用之间的运输载荷；

③燃料组件应便于堆芯装卸料而不损伤；

④燃料组件能承受可能的拆装操作载荷，即为检查、维修、更换燃料棒或其他目的而进行的已辐照燃料组件的部分拆卸和重新组装而产生的载荷。

（12）芯块-包壳相互作用和包壳的应力腐蚀开裂

经验表明，在设计寿期末之前的反应堆正常运行模式下，燃料棒的包壳可能破损。在一些情况下，这些破损起因于包壳内表面起始的应力腐蚀裂纹，而应力腐蚀裂纹往往是燃料芯块与包壳之间机械相互作用产生的局部包壳应力，以及存在某些裂变产物的联合作用而产生的。设计中应阐明用于评定破损机理的方法，以及保证达到评价可接受低破损概率的设计特征、反应堆负荷和功率机动动作的限制和燃料负荷。

（13）应力应变分析

验证燃料组件完整性时，应对某些部件进行应力分析，并应按下列要求进行评价：

①对承受多轴应力的部件，分析应采用公认的组合这样应力的各种方法（如最大应变能或求解最大剪应力）之一，并且应确定用于确定可接受结果的准则；

②对承受循环载荷的部件，应确定累积效应，并应确定所使用的方法；

③对承受运行载荷引起显著蠕变应变的结构部件，应不因蠕变应变量过大而造成结构部件破坏；

④对同时承受循环载荷和蠕变应变的部件，应确定既考虑恒定载荷又考虑循环载荷的验收准则。

（14）冷却剂中的异物

经验表明，冷却剂中小的金属异物可能是造成燃料棒破损的主要原因。燃料组件的设计应考虑在反应堆冷却剂中的金属异物。

（15）垢引起的局部腐蚀

应说明垢沉积对可能导致包壳表面腐蚀率增加的潜在影响。这样的垢沉积可能同包壳产生化学相互作用，或可能使局部传热特征改变。尽管可以通过适当选择反应堆冷却剂系统的材料和电厂水化学使垢沉积减少到最低程度，但是燃料组件设计应尽可能地抵抗垢沉积的有害作用。

（16）中间贮存

应考虑辐照后燃料组件装卸的影响，即考虑在反应堆堆芯和在堆现场乏燃料贮存水池中的贮存，或插入单独乏燃料贮存设施（湿式或干式）之间的装卸影响。

（17）地震和 LOCA 载荷

确保地震和 LOCA 联合作用引起的机械载荷不致使燃料组件损伤到阻碍控制棒完全插入或不能保持可冷却性的程度，应作出评价。

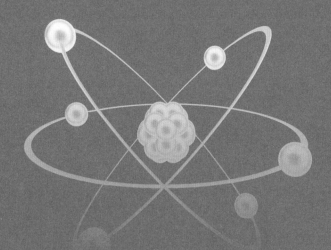

第 5 章

燃料组件的研发

燃料组件的研发是一项长期工作，往往前后经历 10 余年甚至更长时间，其最终目标是使燃料组件满足各项设计基准。主要的研发工作一般包括材料研发、燃料组件整体结构和零部件设计、堆外模拟组件试验验证及分析、堆内辐照考验、辐照后检查、建立分析模型等。

5.1 燃料组件的研发流程

燃料组件的研发流程可划分为图 5-1 的 4 个阶段，即方案设计阶段、堆外试验阶段、入堆考验阶段和批量应用阶段。

图 5-1 燃料组件研发流程

方案设计阶段包括概念设计、分析评价、筛选试验、初步堆外试验和初步设计。在概念设计阶段，首先要明确所要开发的燃料组件打算"在哪里用"和"怎么用"。其次，需要搜集相似燃料组件的运行经验和潜在燃料使用方的要求，并确定燃料的设计目标。依据设计目标，提出燃料组件及其部件的结构候选方案（也就是概念设计方案）。对每一个候选方案开展相关的分析评价及必要的筛选试验，并基于筛选试验和分析评价结果选出适用的候选方案。如有必要，需基于名义尺寸图纸加工少量的试验件并开展初步的堆外试验，以便为每一个部件确定方案。最后，基于筛选试验和初步试验的试验件加工过程中积累的数据，开展各零部件和燃料组件的公差设计，形成全套燃料组件及其零部件的加工图纸和技术条件。

堆外试验阶段包括工艺研究、试验件加工、堆外试验和设计定型。试验件加工的首要任务是基于可规模化生产的目标开展全尺寸产品的加工工艺研究，然后才是完成堆外试验件的加工。依据设计方案的特点，有针对性地开展一系列的零部件和整组件的堆外试验，以证明燃料组件能在目标堆型安全运行。试验工况既要包括正常运行工况，也要包括事故工况，既要考虑寿期初工况，也要考虑寿期末工况。如果满足所有燃料设计准则，即可确定全套燃料组件及其零部件的加工图纸和技术条件，完成燃料组件的设计定型。

入堆考验阶段包括先导棒和先导组件入堆考验、池边检查和热室检查。为减小对堆芯安全的影响，对先导组件的数量应有所控制。通过池边检查和热室检查获取燃料辐照后的各项性能，建立和完善各种燃料性能分析模型。

批量应用阶段包括批换料组件的加工、批量入堆安全分析、辐照后的检查等。通过批量入堆燃料组件的运行情况和辐照后燃料性能检查，进一步验证燃料组件的各项设计性能，从而实现大规模商用。

5.2 锆合金材料研发

锆合金具有热中子吸收截面小、高温高压水中耐腐蚀性能好和抗中子辐照性能优的特点。除此之外，锆合金还拥有足够的力学性能和良好的加工性能。基于服役性能和中子经济性的综合考虑，锆合金已被普遍用作压水堆燃料组件的包壳管、导向管、格架和端塞，其中核燃料包壳是锆合金最重要的应用场景。

锆合金包壳的研发路径通常为：

①确定锆合金的研发目标，根据目标要求，设计出多种不同成分和工艺的备选方案。

②制备小规模试验样品，通过堆外试验，筛选去除性能不佳的锆合金方案。通过堆外和堆内试验，可初步识别出有应用前景的锆合金。

③制备出工业生产级别的包壳管，用于开展更广泛的堆外性能试验、制备先导棒和先导组件。

④开展商用堆辐照考验与堆内性能检测。先开展先导棒考验，通过池边检查和热室检查检验锆合金的堆内性能。开展整组件新包壳的辐照考验，最后再扩大规模至批量使用。

锆合金材料研发的内容包含成分设计、工艺研究、堆外试验与堆内试验。具体如下：

（1）成分设计

锆合金材料一般是在锆基体（锆含量不低于 97%）中添加一些合金元素，合金元素的添加往往是为了提高锆合金的抗腐蚀、抗辐照生长或抗蠕变变形等性能，不同的成分配比会呈现不同的性能。常用的金属合金元素是 Sn、Nb、Cr、Fe，常用的非金属合金元素是 O、C、Si、S，此外，在锆合金的生产制造过程中，不可避免地会存在杂质元素，它们对锆合金的性能经常带来不利影响，需加以控制，RCC-C 中给出了杂质元素的控制标准，如表 5-1 所示。

表 5-1　锆合金中杂质元素的控制标准

化学元素	最大允许含量/10^{-6}	化学元素	最大允许含量/10^{-6}
Al	75	Nb	100
B	0.5	Ni	70
C	200	Na	20
Ca	30	N	80
Cd	0.5	P	20
Cl	20	Pb	130
Cr	150	S	50
Co	20	Si	120
Cu	50	Sn	100
Fe	500	Ta	200
Hf	100	Ti	50
He	25	U	3.5
Mg	20	V	50
Mn	50	W	100
Mo	50		

　　早期用晶条锆进行腐蚀试验时，发现不同批次的晶条锆在 260～400℃水和蒸汽中的耐腐蚀性能差别很大：有些批次的试样，在长期试验中，样品表面形成一层致密光亮的黑色保护性氧化膜，而有些批次的试样却在样品表面形成疏松的非保护性白色氧化膜，并在短期内就开裂而成片剥落。而电弧熔炼引起晶条锆中微量杂质元素含量的不同是造成不同批次晶条锆腐蚀行为差别很大的主要原因。

　　虽然采用高纯的晶条锆能进一步改善耐腐蚀性能，使腐蚀行为的不稳定性有所降低，但其要求满足的条件苛刻，冶炼成本高，高温强度较低，这些都限制了高纯晶条锆的实际应用，而合金化是一条很好的道路，用价格低廉的海绵锆通过合金化可获得良好的性能。

目前，国际上开发并得到广泛应用的锆合金主要有三大系列，即 Zr-Sn 系合金（如 Zr-2、Zr-4）、Zr-Nb 系合金（如 M5、E110、Zr-2.5Nb）和 Zr-Sn-Nb 系合金（如 ZIRLO、E635）。

目前，常用锆合金的主要合金元素有 Sn、Nb、Fe、Cr 等，合金元素对锆合金性能的影响是非常复杂的，取决于合金元素种类、配比以及水化学条件等。总体来说，Sn 元素可以提高锆的强度、抗蠕变性能和抵消杂质元素 N 的有害作用，但 Sn 含量过高反而会使合金的耐腐蚀性能下降；Nb 元素有较高的强化作用，同时可以消除 C、Ti、Al 等杂质元素对锆腐蚀性能的危害，并减少吸氢量；Fe、Cr 的作用相似，均对锆有一定强化作用，在一定含量范围内也可以改善蠕变抗力，但材料的塑性会有所下降。

总之，降低 Sn 含量，提高 Fe 含量，添加 Nb 和少量的 Cu 对改善耐腐蚀性能是有利的。对 Zr-Sn 系合金而言，降低 Sn 含量到 0.5%～1%，提高 Fe+Cr 含量至 0.4%～0.6%，尤其是提高 Fe 含量，可以进一步提高合金的耐腐蚀性能。对 Zr-Nb 系合金而言，Nb 含量不宜过高，添加少量的 Cu 可以进一步提高锆合金的耐腐蚀性能。对 Zr-Sn-Nb 系合金而言，在 Sn 和 Nb 总量不太低的情况下，降低 Sn 或 Nb 含量还能进一步提高合金的耐腐蚀性能。

为了进一步降低成本，提高燃料利用率和安全性，满足高燃耗反应堆燃料元件需求，美国、俄罗斯、法国等核大国也从未停止过对新锆合金的研制。根据近年来国际上最新研制进展，合金元素较为单一的传统 Zr-Sn、Zr-Nb 系锆合金将慢慢淡出视野，多组元、低含量新锆合金成为研发重点。随着 Cu 等新合金元素的添加，锆合金性能的影响因素也将更为复杂，因此充分利用和借鉴现有的研究成果，深入分析锆合金腐蚀、吸氢、第二相粒子等方面的机理，从材料设计的角度出发，不断研发新锆合金，以满足对堆芯结构材料持续提出的高要求是我国自主化锆合金材料的研究重点。

（2）工艺研究

锆合金材料的性能不仅与成分配比相关，也与热处理工艺相关，在确定合金成分的基础上，需开展工艺研究，获得一系列不同工艺的锆合金样品，并开展堆外试验，最终确定合适的加工工艺。

（3）堆外试验

材料的堆外性能试验基本贯穿于材料研发的各个阶段，不管是合金的成分筛选/优化、工艺摸索/改进还是堆外性能评估以及材料建模等，都需要大量的材料堆外性能试验作为支撑。通过开展堆外性能试验，可初步筛选出具有应用前景的合金，为后续材料工业规模试制以及堆内试验奠定基础。典型的堆外试验见表 5-2 和表 5-3。

表 5-2　锆合金包壳材料堆外原型试验

序号	试验项目	试验目的
1	长期腐蚀试验	通过对比新的锆合金和已有运行经验的锆合金堆外腐蚀数据（包括堆外腐蚀增重数据、外观和吸氢量），初步验证新的锆合金的腐蚀性能
2	力学性能试验	获取锆合金堆外蠕变性能、拉伸性能、疲劳性能以及弹性模量、泊松比、硬度等力学性能数据
3	物理性能试验	获取锆合金热导率、热膨胀系数、比热和焓等热物理性能数据
4	焊接性能试验	获取包壳管和端塞焊缝腐蚀后氧化膜特征、焊接样品拉伸性能数据
5	LOCA 条件下性能试验	获取锆合金包壳高温氧化动力学、高温爆破等性能数据。如先导辐照考验前未开展本试验，可通过在安全评价中将采用新的锆合金的燃料棒计入 LOCA 事故下的破损数量
6	显微组织检查	获取锆合金包壳材料微观组织形貌
7	织构检查	获取锆合金包壳材料晶粒取向
8	氢化物取向检查	获得锆合金包壳材料氢化物取向因子
9	碘致应力腐蚀试验	获取锆合金包壳材料碘致应力腐蚀性能数据
10	蠕变坍塌限值试验	研究包壳蠕变坍塌性能
11	温度限值试验	研究包壳氧化对温度的敏感性

表 5-3　锆合金导向管和格架材料堆外原型试验

序号	试验项目	试验目的
1	长期腐蚀试验	通过对比新的锆合金和已有运行经验的锆合金堆外腐蚀数据（包括堆外腐蚀增重数据、外观和吸氢量），初步验证新的锆合金的腐蚀性能
2	力学性能试验	获取锆合金导向管堆外蠕变性能；获取导向管和格架材料的拉伸性能、疲劳性能以及弹性模量、泊松比、硬度等力学性能数据
3	物理性能试验	获取锆合金热导率、热膨胀系数、比热和焓等热物理性能数据
4	焊接性能试验	获取导向管和端塞焊缝腐蚀后氧化膜厚度、焊接样品拉伸性能数据
5	显微组织检查	获取锆合金导向管、格架条带材料微观组织形貌
6	织构检查	获取锆合金导向管、格架条带材料晶粒取向

（4）堆内试验

在投入商用堆内批量使用之前，还需要开展研究堆或商用堆辐照性能试验，以评价中子辐照对材料性能的影响，验证材料堆内性能是否满足设计准则要求。

5.3　燃料组件结构设计与分析

5.3.1　燃料组件结构设计

燃料组件结构设计需要解决的问题见图 5-2。即：

①性能指标；

②结构方案设计；

③材料与工艺；

④分析方法；

⑤试验验证；

⑥知识产权。

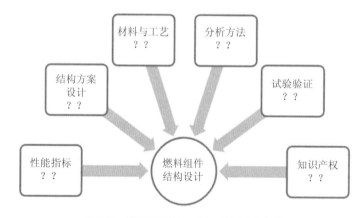

图 5-2　燃料组件结构设计需解决的问题

燃料组件的研发流程如图 5-3 所示。从性能指标要求出发，制定设计方案需遵循的原则，并基于设计方案，提出候选的概念设计方案。对候选概念设计方案，开展材料选型、制造工艺可行性分析、知识产权分析、力学分析、热工水力性能分析、堆外筛选试验。根据结果，确定最优方案，完善相关分析，完善方案，确定加工图纸和技术条件。

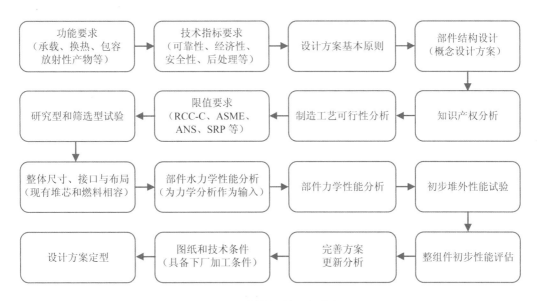

图 5-3　燃料组件研发流程

新型燃料组件引入设计变更后，一般通过分析预测、原型试验、运行经验等方法来评估产品设计是否满足设计基准。当设计有重大变化、已有运行经验无法进行说明时，需在有代表性的工况下进行原型部件或组件试验，用于确定新设计的有关特性。基于上述原则，新型燃料组件需要开展必要的力学、机械、热工水力等关键堆外性能试验，以证明其改进设计的合理性和使用可靠性，主要试验内容如表 5-4 和表 5-5 所示。

表 5-4　核燃料组件零部件堆外原型试验

序号	试验项目	试验目的
1	上管座基体强度试验	获取上管座基体在不同工况载荷作用下的变形和应力
2	上管座压紧弹簧力学试验	获取未辐照的上管座压紧弹簧刚度，结合因科镍材料的辐照松弛、组件辐照生长等其他影响因素，计算燃料组件压紧力
3	下管座强度试验	获取下管座基体、防异物板等结构在不同工况载荷作用下的变形和应力
4	下管座防异物试验	获取下管座的异物捕获率
5	格架静态刚度试验	获取定位格架在运输和组装工况下的压塌载荷限值
6	格架动态刚度试验	获取格架在模拟反应堆高温条件下的动态临界屈曲载荷和刚度。前者作为燃料组件在地震叠加 LOCA 事故载荷作用下的分析限值，后者作为上述分析的输入参数

序号	试验项目	试验目的
7	格架栅元刚度试验	获取格架对燃料棒的夹持力，用于燃料组件运输工况下燃料棒窜动性能评价
8	连接件强度试验	验证格架、管座等连接件的强度是否满足强度准则

表 5-5   核燃料组件整体堆外原型试验

序号	试验项目	试验目的
1	燃料组件振动试验	获取燃料组件的模态频率、振型等，用于验证燃料组件抗震分析中单组件模型
2	燃料组件刚度试验	获取燃料组件横向和轴向刚度、整体变形以及导向管应力分布等，用于验证燃料组件抗震分析中单组件模型
3	燃料组件碰撞试验	获取燃料组件与相邻组件或堆芯围板或堆芯下板的碰撞特性，用于验证燃料组件抗震分析中单组件模型
4	燃料组件阻尼试验	获取燃料组件在空气和水环境中的阻尼，作为燃料组件抗震分析的输入参数
5	燃料组件抗震试验	获取地震等载荷作用下燃料组件的变形、格架碰撞力等数据，用于支撑燃料组件抗震性能评价和一排多组燃料组件力学计算分析模型验证
6	燃料组件压降试验	获取燃料组件整体及其零部件的阻力系数，作为堆芯热工水力安全分析的输入参数
7	燃料组件流致振动试验	获取燃料组件在流体冲刷作用下的振动响应，验证燃料组件不会发生异常振动现象
8	燃料组件长期磨损（或耐久性）试验	获取燃料组件包壳管在模拟反应堆高温高压流动环境条件、辐照导致定位格架弹簧松弛、混合堆芯等因素影响下的微动磨损特性，验证是否满足磨蚀准则
9	燃料组件交混系数测量试验	获取燃料组件交混系数，作为反应堆热工安全分析的输入参数和临界热流密度（CHF）关系式开发的输入参数
10	燃料组件临界热流密度试验	获取燃料组件在反应堆热工水力参数范围内的 CHF 试验值，开发新 CHF 关系式或验证已有 CHF 关系式的适用性，匹配子通道分析程序开展热工安全分析
11	控制棒落棒试验	验证核燃料组件对控制棒落棒时间和抽插力的影响
12	燃料组件防钩挂试验	验证燃料组件格架等防钩挂结构设计特征的有效性

5.3.2　燃料组件结构分析

在反应堆系统中，燃料组件是最重要的安全物项。保持燃料组件及其部件的结构完整性和稳定性不仅是实现其自身基本功能的首要条件，对于反应堆实现三项基本安全功能也至关重要，也是对燃料组件及其部件从机械强度上提出的基本要求。燃料组件在寿期内可能承受各种载荷，所处工况不同，其承载的载荷类型和大小也各不相同。这些载荷有可能造成结构部件的应力强度失效或疲劳损伤，对燃料组件结构完整性或稳定性构成威胁，在燃料组件机械设计时必须加以考虑。燃料组件机械设计验证时的分析项如表 5-6 所示。

表 5-6　燃料组件结构分析项目

序号	分析项	分析内容
1		格架结构强度验证
2	结构件强度	导向管结构强度验证
3		管座结构强度验证
4		格架疲劳
5	结构件疲劳	管座疲劳
6		导向管疲劳
7	结构件接触点磨蚀	燃料棒与格架的接触点磨蚀
8		燃料组件轴向间隙验证
9	尺寸变化	燃料组件横向间隙验证
10		燃料组件与燃料棒弯曲
11	核燃料组件压紧	压紧力验证
12		压紧弹簧螺钉验证
13	燃料可冷却性（事故工况）	结构变形

5.3.3　燃料组件设计评价

按照质量保证要求，燃料组件设计应进行设计验证和设计评价，以确保燃料组件在堆内的安全可靠运行。设计验证和设计评价的方法包括运行经验、试验和分析计算。

（1）关于运行经验

目前，各个国家的燃料组件都已在商用核电厂上积累了大量的运行经验，使燃料组件设计改型换代速度加快，因既有商用堆运行经验可吸取，又具有特殊设计特征的先导燃料组件随堆考验，如法国引入 M5 包壳材料，在堆内外试验基础上，制成先导燃料棒入商用堆随堆运行，较快得到可投入商用的结论。

（2）关于试验

一般地，引入一种包壳新材料，由于燃料棒包壳作为反应堆的核心部件，是防止放射性物质释放的一道重要实体屏障，其辐照后的性能直接影响到核电厂运行的安全性和经济性。燃料棒的辐照考验是国际上成熟燃料棒设计过程中的必要环节，国外研发新型堆用材料的通用方法是先在研究堆内进行辐照考验，获得辐照后性能参数后再放入商用堆进行进一步的辐照考验。

或者，在商用堆新型锆合金包壳管内，暂不装入含有高辐射的燃料芯块，即使包壳破裂也不会造成冷却剂的放射性水平明显上升，同时会在一定程度上获得一些试验数据，了解新型锆合金在辐照后的性能变化。

对组件结构设计进行改进，要进行堆外试验。早期的燃料组件设计，由于没有结论性的运行经验可用，需进行有针对性的原型试验。后来的燃料组件设计，一般是在原有组件的基础上，加上运行经验反馈，在结构设计上进行优化，这时针对设计改进做一些有针对性的试验来验证设计即可。

（3）关于分析计算

燃料组件和燃料棒某些设计基准和准则及其有关参数只能用计算分析方法验证，而且即使能用运行经验和原型试验验证，一般也要进行计算分析，以给出具体的数值，形成完整的设计文件。目前，轻水堆燃料组件及其燃料棒设计已有完整配套的计算机程序。这些计算机程序的物理模型均是以试验结果和运行经验反馈为基础建立的，并随着经验的积累而改进和发展。同时这些用于工程设计的计算机程序，通常是被上级部门和核安全局认可的，或者经过实际工程应用证明是适用的。

下面仅就从法国引进的用于 AFA 3G 燃料组件的分析程序举例说明。

如果要用这些程序进行设计和安全评价，燃料组件安全分析程序和方法的适用性通常需要通过燃料组件性能试验加以验证。

表 5-7　AFA 3G 燃料组件主要分析程序

程序名称	用途
COPERNIC	燃料棒设计程序，可以进行燃料棒的热-力学分析和设计
MISTIGRI	包壳疲劳寿命计算程序
CROV	包壳蠕变坍塌程序
CASAC	燃料组件结构分析程序
VIBUS	燃料棒磨蚀程序
SYSMA	燃料组件压紧系统设计程序
RELAGE	燃料组件弹簧分析程序

新燃料组件的开发需要进行以下几个方面的分析计算，以对组件设计进行验证：

①燃料棒性能评价：通过程序计算证明燃料棒满足设计准则，包括燃料温度准则、包壳温度准则、燃料棒内压准则、包壳应力准则、包壳应变准则、包壳坍塌准则、气腔弹簧准则、微振磨蚀准则、包壳疲劳准则、芯块-包壳相互作用准则、燃料棒生长准则等。

②燃料组件机械设计验证：通过程序计算证明燃料组件满足燃料组件机械设计准则，包括载荷计算，辐照生长，结构强度，水力学作用力，燃料组件与堆芯上、下板最小间隙，燃料棒与燃料组件管座间最小间隙，相邻燃料组件间最小间隙，压紧系统设计，格架弹簧功能，连接结构，燃料棒最大磨蚀深度，导向管应力分析和稳定性，事故分析等。

③燃料组件热工水力设计验证：通过程序计算证明燃料组件满足燃料组件热工水力设计准则，包括燃料组件水力学性能，阻力特性，导向管、仪表管旁流特性，燃料组件传热性能等。

④燃料组件核设计分析：主要分析燃料芯块材料与结构、组件材料、活性段等与核设计相关的方面。

⑤反应堆安全分析：主要分析燃料组件入堆后对各种运行瞬态和事故的影响，包括对最小 DNBR、燃料温度和放射性后果的计算。

用程序进行燃料组件设计及其验证的总思路是：对燃料组件设计准则中某一特定准则，确定要评价的目标——性能参数；然后通过参数分析找出极限棒（注意不同准则极限棒是不同的）或极限工况；再用该程序进行计算。计算分三步，首先进行最佳估计值计算；然后考虑模型和制造参数的不确定性，算出这一性能参数的保守值；最后将该性能参数计算值与相应的准则限值进行比较，检验与相应准则的符合性。

我国的压水堆燃料棒和燃料组件设计及其验证方面所使用的计算机程序主要是从法国引进的，后来从美国西屋公司引进了 AP1000，同时相应地引进了西屋公司的组件设计程序，包括燃料棒设计程序和燃料组件机械设计程序：PAD（燃料棒性能分析）、COLLAP（燃料棒包壳蠕变和失稳分析）、COROSN（包壳腐蚀行为分析），以及 WECAN、WEGAP、NKMODE 等来完成上、下管座应力，组件振动、撞击和变形等设计计算分析。

5.4　燃料组件堆内设计验证

燃料组件引入新的设计特征之后，应通过适当的方法验证核燃料组件的性能满足设计基准及准则限值的要求（这一过程定义为设计验证）。根据核燃料组件已取得的运行经验及其设计变更的程度，将设计验证的具体方法划分为运行经验、原型试验和分析预测中的一种方法或几种方法的结合。原型试验分堆外试验和堆内试验。堆外试验指新型锆合金材料、核燃料组件零部件，以及核燃料组件在非商业堆内的各项试验，见表 5-2 至表 5-5 的描述。堆内原型试验指先导棒或先导组件的辐照考验，以及辐照之后的池边检查和热室检查等。

5.4.1　堆内辐照考验

燃料组件研发过程中，必要时需要将少量先导燃料棒和（或）先导燃料组件装入核动力厂反应堆进行辐照考验。待燃料组件研发定型且有一定的运行经验后，才可实施批量入堆工程应用。

先导辐照考验（含先导燃料棒辐照考验、先导燃料组件辐照考验、加深燃耗考验等）以及后续的池边检查和热室检查均属于堆内原型试验范畴。开展先导辐照考验的目的是检验各项设计特征在堆内的辐照性能，积累辐照数据和经验，支撑核燃料组件批量工程应用。

燃料组件堆内辐照考验可能对目标核动力厂设计接口产生一系列影响，因此需要开展安全分析论证工作。项目论证主要包含燃料系统的设计、堆芯核设计、堆芯热工水力设计、核电厂事故分析、堆内构件评估、电厂环境影响评价等方面，这些分析内容均属于目标核动力厂安全分析报告（SAR）涉及的内容。

5.4.2　池边检查

关于燃料组件池边检查，通常在核动力厂燃料厂房进行，在实施过程中用水做放射性屏蔽，对辐照后燃料组件进行各项非破坏性检查以获得考验组件的辐照性能。池边检查内容包括目视检查、尺寸测量、包壳氧化膜厚度测量、破损燃料棒泄漏检测等（表 5-8）。

表 5-8　先导辐照考验后池边检查项目

序号	检查项目	检查目的	检查节点
1	外观形貌	用于检查燃料组件外观形貌，初步判断损伤情况	在先导燃料棒和先导燃料组件考验后开展
2	啜吸检查	必要时，用于确认燃料棒完整性	在先导燃料棒和先导燃料组件考验后开展
3	燃料棒外径	用于获取燃料棒外径变化量	在先导燃料棒或先导燃料组件考验后开展
4	燃料棒长度	用于获取燃料棒长度变化量	在先导燃料棒或先导燃料组件考验后开展
5	燃料棒氧化膜	用于获取燃料棒包壳氧化膜厚度	在先导燃料棒或先导燃料组件考验后开展
6	燃料棒弯曲	用于检查组件外围燃料棒间距	在先导燃料组件考验后开展
7	定位格架氧化膜	用于获取锆合金定位格架条带氧化膜厚度	在先导燃料组件考验后开展
8	燃料组件生长	用于获取燃料组件高度变化量	在先导燃料组件考验后开展
9	燃料组件弯曲	用于获取燃料组件弯曲变化量	在先导燃料组件考验后开展
10	上管座压紧弹簧高度	用于获取燃料组件上管座压紧弹簧压紧力	在先导燃料组件考验后开展
11	燃料组件扭转	用于获取燃料组件扭转变形量	在先导燃料组件考验后开展

针对燃料组件堆内考验目的的不同，池边检查项目也会有所不同。一般而言：

①对于新锆合金包壳样品管先导棒组件堆内考验，重点关注目视检查、燃料棒尺寸和包壳氧化膜厚度等检查项目。

②对于新锆合金导向管或格架先导组件堆内考验，重点关注目视检查、导向管或格架尺寸、导向管或格架氧化膜厚度等检查项目。

③对于具有新结构设计特征的先导组件堆内考验，重点关注目视检查、燃料组件尺寸等检查项目。

④对于先导组件或先导棒组件燃耗加深考验，重点关注燃耗加深前后包壳氧化膜厚度、燃料棒辐照生长、组件辐照生长等检查项目。

⑤对于批换料和首炉工程应用，重点关注目视检查、燃料组件尺寸、燃料棒尺寸、包壳氧化膜厚度等检查项目。

5.4.2.1　目视检查

燃料组件辐照后的外观是组件辐照稳定性和完整性检查最直观的表征，可以判断燃料组件辐照后腐蚀状况和明显的变形现象等。燃料组件池边检查中的目视检查主要使用高分辨率的水下彩色摄像机，调整摄像头角度后通过燃料组件在新燃料升降机中上下移动来检查燃料组件整体变形、组件可见缺陷和损伤、燃料棒表面状况、沉积物附着情况等。

目视检查重点关注燃料组件及其部件的完整性和表面状态、与制造完工状态的差异或偏离程度。目视检查内容主要包括包壳状态（破损、裂纹、腐蚀、水垢等）、材料缺失、组件/棒变形、棒/格架磨蚀等。目视检查主要项目和验收标准详见表5-9。

表 5-9　目视检查主要项目和验收标准

序号	检查项目	验收标准
1	燃料棒/上管座间隙	有间隙
2	燃料棒/下管座间隙	有间隙
3	上管座	无损坏
4	下管座	无损坏
5	结构格架和跨间搅混格架	无损坏
6	压紧系统	无损坏
7	防异物滤网	无损坏
8	包壳状态（破损、裂纹、腐蚀、水垢等）	包壳无破损、无裂纹、无大量明显的白色腐蚀产物（端塞及焊缝区域除外）
9	材料完整性	无缺失
10	组件/棒变形	无明显变形
11	棒/格架磨蚀	无磨损

5.4.2.2　尺寸测量

堆芯内燃料组件在中子辐照下会发生尺寸变化，为保证燃料组件和燃料棒的尺寸在堆芯环境下辐照所产生的变形不超过设计允许范围，需进行尺寸测量。尺寸测量是评价燃料棒和燃料组件堆内性能的主要依据之一。根据燃料组件水下尺寸测量，可以判断燃料组件是否可以再次入堆辐照考验。尺寸测量内容包括燃料组件尺寸测量和燃料棒尺寸测量等，测量设备现场照片如图 5-4 所示。

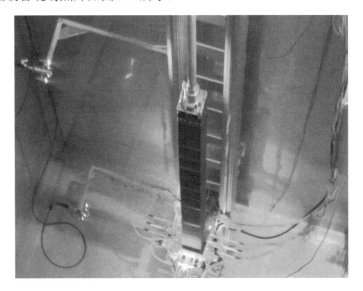

图 5-4　燃料组件和燃料棒尺寸测量设备

5.4.2.3　包壳氧化膜厚度测量

燃料包壳氧化膜厚度测量主要用于评估包壳腐蚀和结垢是否在燃料安全准则许可的范围内，防止过强的包壳腐蚀和腐蚀产物沉积及表层结垢使材料传热特性恶化。开展包壳氧化膜厚度测量，重点关注材料参数、水化学环境、温度、系统压力、堆芯装载方案、燃耗、一回路系统金属及金属氧化物等对包壳氧化层厚度的影响。

通过池边检查的方法测量包壳氧化膜厚度，是近年才发展起来的技术。长期以来，包壳氧化膜厚度的数据仅能在热室中使用破坏性检验方法获得。这种方法费用高昂且不能在组件换料大修过程中开展中间测量，因此开发了无损的涡流检验方法。利用紧贴式涡流探头能够测量导电的非铁磁基体材料上的电绝缘层厚度，进而得到包壳氧化膜厚度。燃料包壳氧化膜厚度测量设备现场照片如图 5-5 所示。

图 5-5   燃料包壳氧化膜厚度测量设备

5.4.2.4   破损燃料泄漏检测

可采用啜吸检漏（简称啜漏）技术检测燃料组件中的破损燃料棒。其原理为衰变热使温度上升从而驱使水溶性裂变产物或裂变气体从破损燃料棒中泄漏出来，通过检测裂变产物或裂变气体来确定燃料棒是否破损，并判断组件是否可以回堆重装或需要采用其他处置措施。几种常用的啜漏技术如下：

①强迫循环啜漏盒内的水，以便从有破损的燃料棒中吸出水溶性裂变产物；

②用气体部分或全部替代啜漏盒内的水（干啜漏）；

③在燃料组件顶部形成部分真空以驱使裂变气体从有破损的燃料棒内泄漏出来；

④在加热啜漏盒内的燃料组件期间连续测量释放的裂变产物。

就压水堆核电站而言，燃料棒在线啜漏装置内置于反应堆厂房燃料换料机的导向筒中，当燃料组件进入换料机导向筒后，流体静压发生变化，从而使气态裂变产物从破损的燃料棒内泄漏出来。这些气态裂变产物被收集到测量箱内，而测量箱和 Ge（Li）探测器、多道分析仪相连。测量到的放射性活度是燃料组件完整性的量度。有时为了增加放射性活度，还可将压缩空气注入燃料组件下管座以驱使裂变产物排出。在线啜漏装置原理如图 5-6 所示。

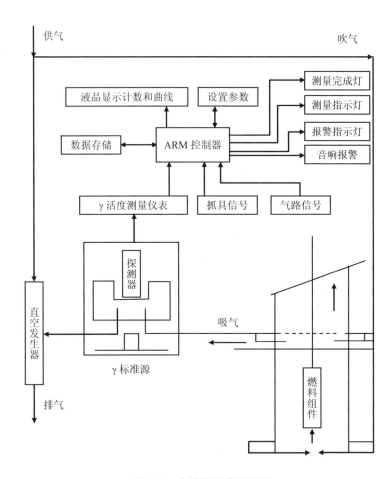

图 5-6　在线啜漏装置原理

多数情况下，燃料厂房的乏燃料水池中还装有离线啜漏装置，由带绝热层的啜漏盒（有时带有外部加热器）、冲洗泵、取样瓶，以及相关的操作和取样站构成。啜漏盒上端是密封的，待水温升高后由于自然循环产生水流动，这时通过在取样瓶中取水样进行放射性活度分析。离线啜漏装置原理如图 5-7 所示。

如果在线啜漏结果异常，通常需开展离线啜漏。

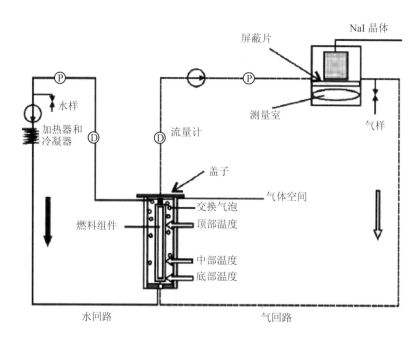

图 5-7　离线啜漏装置原理

5.4.3　热室检查

对于放射性材料或带有放射性的材料的检测和测试，需用到特殊的设施屏蔽放射性，通常把这类实验室称为热室。由于在热室中被检测的样品或物件放射性水平很高，对热室的屏蔽设施及操作均有严格要求。燃料热室检查是指在热室中对辐照后燃料棒、芯块、包壳、导向管、格架等进行检查。

热室检查可分为热室无损检查、热室破坏性检查和热室机械性能检查。表 5-10 给出了热室检查项目。

表 5-10　先导辐照考验后热室检查项目

序号	检查项目	检查目的	检查节点
1	外观形貌	用于检查燃料棒完整性，确定是否存在可视缺陷的必检项目	在先导燃料棒和先导燃料组件考验后开展
2	包壳缺陷检查	用于确认燃料棒完整性	在先导燃料棒和先导燃料组件考验后按需开展

序号	检查项目	检查目的	检查节点
3	燃料棒外径	用于获取燃料棒外径变化量	在先导燃料棒或先导燃料组件考验后开展
4	燃料棒长度	用于获取燃料棒长度变化量	在先导燃料棒或先导燃料组件考验后开展
5	燃料棒包壳氢化和氧化	用于获取燃料棒包壳吸氢量的必检项目。针对吸氢量检测的样品,应有对应的氧化膜检测数据	在先导燃料棒或先导燃料组件考验后开展
6	裂变气体测定、内压测量、气体分析	用于验证芯块裂变气体行为的必检项目,获得裂变气体总量、组分和棒内压	在先导燃料棒或先导燃料组件考验后开展
7	包壳强度和延性	用于验证包壳强度和延性准则限值的必检项目。可通过拉伸试验或内压屈服等试验获取	在先导燃料棒或先导燃料组件考验后开展
8	燃料棒包壳与端塞焊缝位置氧化	用于获取燃料棒包壳与端塞焊缝位置氧化膜厚度的必检项目	在先导燃料棒或先导燃料组件考验后开展,也可使用其他有代表性的辐照样品开展
9	定位格架弹簧松弛	用于测量定位格架弹簧辐照松弛后的夹持力的必检项目	在先导燃料组件考验后开展,也可使用其他有代表性的辐照样品开展
10	燃料棒磨蚀	用于获取燃料棒包壳磨痕数据的必检项目	在先导燃料组件考验后开展
11	包壳疲劳试验	用于获取辐照后包壳疲劳曲线的研究性检查项目	在先导燃料棒或先导燃料组件考验后开展
12	包壳蠕变试验	通过获取辐照后包壳热蠕变数据开展分离变量机理性研究的研究性检查项目	在先导燃料棒或先导燃料组件考验后开展,也可使用其他有代表性的辐照样品开展
13	包壳显微硬度	用于研究辐照强化效应的辅助手段,为研究性检查项目。针对辐照强化效应,从审评角度关注强度和延性,相关数据通过包壳拉伸试验获取	在先导燃料棒或先导燃料组件考验后开展
14	包壳应力松弛试验	用于研究包壳应力松弛性能的研究性检查项目	在先导燃料棒或先导燃料组件考验后开展
15	沉积物分析	用于检查沉积物特性的研究性检查项目	在先导燃料棒或先导燃料组件考验后开展
16	芯块状态 X 射线	用于确认芯块状态的研究性检查项目	在先导燃料棒或先导燃料组件考验后开展

序号	检查项目	检查目的	检查节点
17	轴向燃耗相对分布γ扫描	用于确定辐照后检查样品轴向燃耗相对分布的中间过程量数据	在先导燃料棒或先导燃料组件考验后开展
18	绝对燃耗测量	用于测量燃料棒的绝对燃耗的研究性检查项目，为中间过程量	在先导燃料棒或先导燃料组件考验后开展
19	微观组织分析	用于获取包壳和芯块微观组织的研究性检查项目。可通过金相、扫描电镜、透射电镜、拉曼光谱分析、X 射线衍射分析等方法开展	在先导燃料棒或先导燃料组件考验后开展

燃料组件热室检查主要目的：

①获取燃料辐照后的性能，为燃料及材料研发设计提供数据支撑；

②分析燃料失效根本原因；

③提升燃料可靠性。

第6章

燃料组件的制造

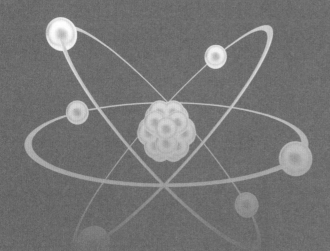

6.1　燃料组件制造总体情况

我国核燃料组件生产设施始建于 20 世纪 50 年代末和 60 年代中，目前有两家生产大型商用核电站燃料组件的生产厂家，分别是位于内蒙古自治区包头市的中核北方核燃料元件有限公司（原中核 202 厂）和位于四川省宜宾市的中核建中核燃料元件有限公司（原中核 812 厂）。

中核北方核燃料元件有限公司建于 1958 年，是我国军用核材料、核燃料元件研制与生产的重点军工企业，是我国主要的核电燃料元件生产科研基地。目前该公司建有重水堆元件厂、压水堆 AFA 3G 燃料元件厂、压水堆 AP1000 燃料元件厂、高温气冷堆燃料元件厂。

中核建中核燃料元件有限公司建于 1965 年，是我国最大的压水堆燃料元件制造基地，负责提供我国几乎所有商用压水堆所需的燃料元件。拥有两条产能为 400 t 铀/a 的生产线，在国际上也属于前列，能满足 30 多个百万千瓦级压水堆核电机组的换料需求。中核建中核燃料元件有限公司具备秦山一期（15×15 燃料组件）、AFA 2G、AFA 3G、AFA 3G-AA（全 M5）、VVER-1000、TVS-2M（田湾新型燃料组件）以及快堆 CEFR 燃料元件的制造能力，满足了我国在运和在建压水堆核电站燃料元件的需求。

燃料组件制造技术的发展为我国核电的迅速发展提供了重要保障，高质量、高燃耗组件的制造、生产能力的扩大、技术水平的提高是对我国燃料组件制造业的要求。我国的压水堆燃料组件制造技术发展经历了 4 个历史阶段。

第一阶段，起步阶段。自行研制 300 MW 燃料元件，为我国大陆第一座核电站提供装料。我国自行研究、设计、建造的第一座核电站——秦山核电站在其启动建设的同时，与之配套的核电燃料元件制造工程随之开始，秦山核电站 300 MW 核燃料组件由上海核工程研究设计院设计，宜宾核燃料元件厂承担制造。燃料组件制造涉及核化工转化、粉末冶金、精密机械加工、多种复杂精细的焊接以及大量的检测分析。宜宾核燃料元件厂针对化工转化进行了分步沉淀、重铀酸铵喷雾干燥、脱氟还原等工艺研究，掌握了陶瓷型 UO_2 粉末制备工艺、UO_2 芯块制造、因科镍钎焊格架制造、燃料元件棒电子束焊接以及燃料组件组装等关键技术。

1986 年，我国建成了宜宾核燃料元件生产线，这是我国自行设计建造的第一条压水堆核电站燃料元件生产线。1987 年 10 月投产，第一批燃料组件于 1990 年 12 月运抵秦山现场，保证了电站于 1991 年 12 月 15 日正式并网发电，从此，打破了我国大陆无核电的历史。这条生产线的建立也为我国对后续引进的法国转让技术进行消化、吸收、改进奠定了基础。

第二阶段，引进、消化吸收阶段。引进 900 MW 燃料组件技术，实现大型商用压水堆核电站燃料元件国产化。为实现广东大亚湾核电站燃料组件国产化，1991 年 5 月，宜宾核燃料元件厂通过其代理公司中国原子能工业公司与法国法马通公司签订了《大亚湾 90 万千瓦核电站 AFA17×17 燃料组件设计与制造技术转让合同》，1991—1994 年，宜宾核燃料元件厂、中国核动力研究设计院开始了在 300 MW 核电燃料组件技术基础上对法国转让技术的消化、吸收工作，并对生产线进行了全面改造建设。

1994 年 3 月，通过了 AFA 2G 燃料组件最终产品合格性鉴定，随后进入正式生产。最初 3 批换料燃料组件由法方监造，并承诺入堆质量担保，这样，可使中方越过组件入堆考验阶段。宜宾核燃料元件厂于 1994 年年底完成了大亚湾核电站 2 号机组第一次换料 52 个燃料组件和 64 个阻流塞组件制造任务。保证了大亚湾核电站 2 号机组第一次换料采用国产燃料组件。1995 年，又按期完成了大亚湾核电站 1 号、2 号机组第二次换料的组件制造，从 1996 年开始，宜宾核燃料元件厂为大亚湾核电站制造每年的换料组件。此外，也为秦山二期 1 号、2 号机组 600 MW 核电站制造首炉 AFA 2G 燃料组件，保证了核电站于 2002 年 2 月并网发电。

在这期间，燃料组件制造技术水平也得到了提升，UO_2 粉末的物理化学性能、UO_2 芯块的晶粒度与热稳定性、元件棒焊缝质量、骨架的可靠性等都得到了很好的改进。从而实现了大型核电站燃料组件国产化，使我国核电站燃料组件制造跃上了一个新的台阶。

第三阶段，扩大规模，提高水平，制造高燃耗组件阶段。为提高核电站的经济性和安全性，1998 年，大亚湾核电站提出实施高燃耗的 18 个月换料方案，计划自 2002 年起装入高燃耗的 AFA 3G 燃料组件。大亚湾核电站与宜宾核燃料元件厂一起于 1998 年 12 月与法国法马通公司签订了技术转让合同。2001 年，宜宾核燃料元件厂为大亚湾核电站生产了两个机组的首批换料组件。为满足我国当时在建的秦山二期核电站、岭澳核电站、田湾核电站等对燃料的需求，自 1999 年起，宜宾核燃料元件厂对生产线实施扩大生产能力、提升技术水平的改造工程，购买了南非 AEC 公司 BEVA 元件厂的全套设备，生产能力从 75 t/a 扩大到 200 t/a。采用自动焊接及 IDR（一体化干法）转化等新工艺，并实现了含钆可燃毒物棒制造国产化。此后，宜宾核燃料元件厂继续扩充产能，并更名为中核建中核燃料元件有限公司，于 2008 年完成了从 200 t/a 提升至 400 t/a 的核燃料元件扩产工程。为了适应我国核电中长期发展规划、满足核电快速发展对核燃料元件的需求，2014 年，中核建中核燃料元件有限公司完成了从 400 t/a 提升至 800 t/a 的核燃料元件扩产工程，并于 6 月 30 日正式投料生产。

中核北方核燃料元件有限公司也于 2010 年建成了生产能力为 200 t/a 的压水堆 AFA 3G 燃料元件生产线，并为秦山二期 3 号、4 号机组提供燃料组件。

第四阶段，大力发展，燃料组件生产多样化，加快国产化进程阶段。随着 AP1000、EPR 先进压水堆的引进，以及第四代先进反应堆——高温气冷堆的建设，燃料组件的制造需求进一步扩大。

其中，三门核电站和海阳核电站的 4 台 AP1000 机组的首炉 AP1000 燃料组件由美国西屋公司提供，从第一次换料开始的后续换料由中方提供。AP1000 燃料组件制造技术，由国家核电技术有限公司负责从美国西屋公司引进。中核北方核燃料元件有限公司已就 AP1000 核燃料元件生产线建设与国家核电技术公司、中核建中核燃料元件有限公司共同组建了中核包头核燃料元件股份有限公司，2012 年 3 月 28 日开工建设了非能动安全先进压水堆 AP1000 核电项目燃料元件生产线，为三门核电站、海阳核电站等 AP1000 核电站提供燃料组件。

台山核电站的两台 EPR 机组采用了 AFA 3GLE 燃料组件，2007 年 11 月 26 日，阿海珐公司和中广核签订 EPR 项目协议，商定由法方提供为期 15 年的燃料组件，所以 EPR 燃料组件生产线的建设还不是那么迫切，但中广核在引进法国 EPR 核电站的同时引进了相应的燃料组件制造技术。

由我国自主研发设计的第四代反应堆——高温气冷堆是国家重大科技专项，其燃料元件制造需求也很迫切，为此，中核北方核燃料元件有限公司于 2013 年 3 月 16 日开工建设了高温气冷堆核电站示范工程的配套工程——具有我国自主知识产权的高温气冷堆核电燃料元件生产线，为山东石岛湾高温气冷堆核电站提供燃料元件。

综上所述，经过多年的建设，我国的压水堆燃料组件制造技术已经有了很大的进步。涉及核燃料制造技术的转让如果从 1991 年算起，这一轮的技术引进至今已有 30 余年。在 30 多年的时间里，我国先后引进了法国 M310 核电技术、俄罗斯 VVER-1000 核电技术、加拿大 CANDU-6 核电技术、美国西屋公司的 AP1000 核电技术和法国阿海珐公司的 EPR 核电技术。与此相对应，我国的核燃料制造技术先后引进了法国 AFA 2G、AFA 3G、AFA 3GAA（全 M5）、俄罗斯 VVER-1000、TVS-2M，加拿大 CANDU-6，美国 AP1000 核燃料组件制造技术。我国还先后引进了法国 M5 合金包壳管制造技术，俄罗斯 E110 合金包壳管制造技术，加拿大 CANDU6 型燃料棒束的包壳和各种板、棒、丝材的制造技术，美国西屋公司的 ZIRLO 合金锆材生产技术。通过技术引进，我国燃料组件的制造技术实现了国产化，其水平和能力现已接近或达到国际水平。

6.1.1   AFA 3G 燃料组件制造情况

AFA 3G 燃料组件由法马通公司设计，由燃料骨架和 264 根燃料棒组成，燃料棒按 17×17 排列，燃料骨架由 24 根导向管、1 根仪表管、11 个格架（2 个端部格架、6 个结构搅混格架和 3 个跨间搅混格架）、上管座和下管座组成。AFA 3G 燃料组件主要由中核建中核燃料元件有限公司和中核北方核燃料元件有限公司制造。中核建中核燃料元件有限公司是国内有相当规模的燃料元件制造厂，已有大量为国内外核电厂供应核燃料的经验，具备从原材料到组件成品全流程的制造能力。中核北方核燃料元件有限公司具备 AP1000 燃料组件及高温气冷堆核燃料元件生产线，也建设了 AFA 3G 系列燃料组件的生产线。

AFA 3G 燃料组件材料类型有锆合金（M5 合金、Zr-4 合金）、不锈钢（AISI304L、AISI308L、AISI316L、AISI660）、镍基合金（因科镍-718）等。M5 包壳管坯由法马通供应，部分 M5 包壳管通过 CAST 公司（中法合资）采购，板弹簧螺钉、下管座防异物板、格架条带、格架弹簧由法国按成品供应，其余以原材料方式供应，再由我国加工成零部件。

6.1.2   FA300 燃料组件制造情况

FA300 燃料组件高度为 3 500 mm，燃料棒采用 15×15 正方形排布，共有 204 根。骨架由上、下管座，8 个定位格架，20 根控制棒导向管和 1 根通量测量管等零部件组成。

燃料棒包壳管采用 Zr-4 合金，定位格架采用 GH4169 合金带材，导向管及通量测量管采用不锈钢四缩节结构，管座采用不锈钢框架结构，燃料 UO_2 芯块采用烧结方式，燃料棒采用 TIG 焊接方式组装，定位格架采用钎焊方式组装，导向管与定位格架采用点焊方式连接。通过拉棒方式完成燃料棒与燃料组件的组装，同时为避免燃料棒在拉棒过程中产生划伤，设置燃料棒表面涂膜工艺，形成保护层。

中核建中核燃料元件有限公司负责零部件加工和组件总装，已完成 5 个首炉、超过 50 个换料批次的燃料组件供货，组件数量超过 2 800 个。

6.1.3　AP1000 燃料组件制造情况

AP1000 燃料组件由美国西屋公司设计，由 17×17 正方形排列的燃料棒和燃料组件骨架组成。燃料组件骨架由上、下管座，2 个端部格架，1 个保护格架，8 个中间格架，4 个中间搅混格架，24 根导向管和 1 根仪表管组成。燃料棒共 264 根，按装载芯块的不同，分为普通燃料棒和整体燃料-可燃毒物棒（IFBA 燃料棒）。

燃料棒包壳、导向管、缓冲管、仪表管均采用 ZIRLO 合金，由国核宝钛锆业股份公司供货，生产技术由美国西屋公司转让，并在完成合格性鉴定后，获得西屋公司认可证书。

燃料组件总装由中核北方核燃料元件有限公司承担，2014 年 1 月，中核北方核燃料元件有限公司启动了生产线合格性鉴定工作并于 2017 年 3 月通过了合格性鉴定，具备了 AP1000 燃料组件组装生产能力，生产线合格性鉴定包括设备鉴定、工艺鉴定、产品鉴定 3 个阶段。2018 年，中核北方核燃料元件有限公司获得了国家核安全局颁发的 AP1000 核电站燃料元件生产线的运行许可证，准许其生产 AP1000 燃料组件。

6.1.4　CANDU 燃料组件制造情况

目前，我国仅有两台 CANDU-6 重水堆机组，位于秦山三期核电站。两台机组分别于 2002 年 12 月和 2003 年 7 月投产。秦山三期 CANDU-6 机组目前使用 37R 燃料棒束和 37M 燃料棒束，后续逐步过渡到全部使用 37M 燃料棒束。每组 37R 燃料棒束包含 37 根燃料元件。燃料元件焊接在两块圆形端板上，1 根燃料元件位于端板圆心位置，称为中心元件，其余 36 根燃料元件围绕中心元件排列成 3 个同心圆，冷却剂可从燃料元件间流过。最外圈包含 18 根燃料元件，中间一圈包含 12 根燃料元件，内圈包含 6 根燃料元件，加上中心元件共 37 根燃料元件。每根燃料元件由 Zr-4 包壳、天然 UO_2 芯块（或回收 UO_2 芯块或 NUE 芯块）以及端塞组成。Zr-4 包壳包覆 UO_2 芯块，包壳内壁涂覆一层石墨涂层（CANLUB）用来防止包壳破损。包壳两端通过端塞焊接密封。燃料元件通过端塞焊接于端板上，以保持燃料元件的空间位置。在每根燃料元件的中间位置钎焊有隔离垫，用以保持燃料元件之间的间距。外圈燃料元件的靠近端塞位置和中间位置钎焊有支撑垫，用以保持外圈燃料元件与压力管之间的间距。37M 燃料棒束是基于 37R 燃料棒束的改进设计，其主要结构与 37R 燃料棒束保持一致，仅中心元件直径略有减小。

重水堆燃料组件结构见图 6-1。

端板

燃料元件

图 6-1　重水堆燃料组件结构示意图

目前，秦山三期两台CANDU-6机组的燃料组件均由中核北方核燃料元件有限公司制造。1998 年 12 月，中核原子能公司、中核北方核燃料元件有限公司与加拿大精密锆公司（ZPI 公司）签订了 CANDU-6 型燃料棒束制造技术转让合同。在 ZPI 公司的支持下于 2002 年 12 月在包头建成了 37R 燃料棒束生产线。燃料棒束制造主要有 UO_2 粉末制备、UO_2 芯块制备、燃料棒束组装等生产线。燃料棒束制造的专用关键设备如端板焊机、端塞焊机等均为引进。除燃料芯块外，包括锆合金包壳管在内的其余零部件原材料目前从加拿大进口。在正式产品生产前，中核北方核燃料元件有限公司分阶段对粉末化工转化、芯块制备和棒束组装进行了生产线合格性鉴定，2002 年 12 月获得加拿大 ZPI 公司颁发的 CANDU-6 型燃料棒束生产许可证，2003 年 1 月获得国家核安全局颁发的民用核设施运行许可证。

6.2　燃料组件制造主要工艺

国内压水堆燃料组件虽然有多种类型，且各具特色，但主要结构组成都是包含燃料棒、骨架及管座几个部分。燃料组件制造的主要工艺如下。

6.2.1　UO_2 芯块制备

燃料棒内装有 UO_2 芯块，UO_2 芯块采用传统的粉末工艺制造，即将 UO_2 粉末压制成生坯，然后烧结、磨削、检查，得到符合技术条件要求的 UO_2 芯块。压烧性能俱佳的

UO_2 粉末是制造优良品质芯块的前提条件，因此 UO_2 粉末的制备极其关键。

当前工业规模制备 UO_2 粉末通常有湿法与干法两种工艺，湿法工艺是指通过从热解溶液中沉淀出来的中间产品得到 UO_2 粉末的方法，而干法则是指直接从原料生产出 UO_2 粉末的工艺，我国采用的 ADU 法（重铀酸铵法）和 AUC 法（三碳酸铀酸铵法）都属于湿法工艺，而 IDR 法则属于干法工艺。目前国内都具备批量工业生产能力。

UO_2 芯块制备的主要工艺流程如图 6-2 所示。

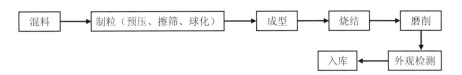

图 6-2　UO_2 芯块制备工艺流程

为了满足核电厂运行对核燃料性能的要求，对燃料生产厂的成品 UO_2 芯块制定了严格及全面的技术指标，为了达到这些要求，燃料生产厂不但要时刻关注主要原料 UO_2 粉末及其他组分特性的控制情况，还要严格控制 UO_2 芯块生产工艺流程中的每一道工序的运行状态及中间产品的质量状态。

6.2.2　燃料棒制造

燃料棒制造是将芯块、弹簧等装填入燃料包壳，两端采用端塞焊接方式封焊。燃料棒内装有常规 UO_2 芯块或含毒物的 UO_2 芯块，芯块通过弹簧与燃料棒端塞压紧组装。

燃料棒生产的主要工艺流程如图 6-3 所示。

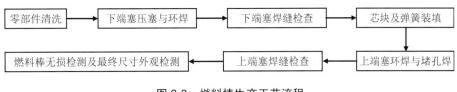

图 6-3　燃料棒生产工艺流程

目前，用于燃料棒焊接的方法主要有钨极惰性气体保护焊（TIG）、电子束焊（EB）、激光焊接（LW）和压力电阻焊（USW）等。这些焊接方法都可以得到质量优良的焊缝。

6.2.3　上、下管座加工

燃料组件上管座部件通常由上管座与压紧板弹簧组成，借助螺钉将 4 组板弹簧固定在上管座的上方。上管座的成型工艺主要分两步，首先将粗加工的上管座各连接板组装好，并点焊固定，然后将组合件放在自动焊接机上实施所有连接处的缝焊。上管座组装时，需要将弹簧装入上管座腰形槽，弹簧安装时平行于框架的棱边。上管座组装有一定的难度，因为在组装板弹簧组时，要求就位后的两组相对弹簧组必须位于内规和外规之间，否则需要调整。然后用手工拧上 4 个弹簧固定螺钉，用力矩扳手拧紧。

下管座部件一般由下管座与防异物板组成。借助 4 个定位销将防异物板固定在下管座上方凹槽中。目前，下管座可以通过整块加工板在加工中心进行成型加工。防异物板目前有电火花加工与电解加工两种加工方式。

6.2.4　格架制造

定位格架是用来夹持燃料棒的弹性部件，看起来像蜂房结构，由 0.3～0.6 mm 厚的锆合金或因科镍薄片经过冲压成型，薄片之间相互交叉组合，最后用熔化焊接或钎焊方式将交叉点连接成一体。对于典型的双金属结构格架，其主要工艺流程如图 6-4 所示。

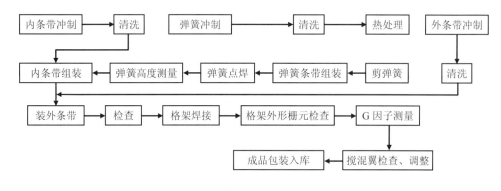

图 6-4　格架制造工艺流程

6.2.5　燃料组件的组装

燃料组件组装的主要工序是组装骨架，并将已完成的燃料棒装入骨架中，固定上、下管座，形成燃料组件。

燃料组件导向管部件由导向管、导向管端塞以及套筒部件焊接组装形成。骨架的焊接是将格架、导向管部件、仪表管以及下管座部件组装起来，并将导向管部件、仪表管部件与定位格架点焊固定。燃料组件骨架组装主要工艺流程如图 6-5 所示。

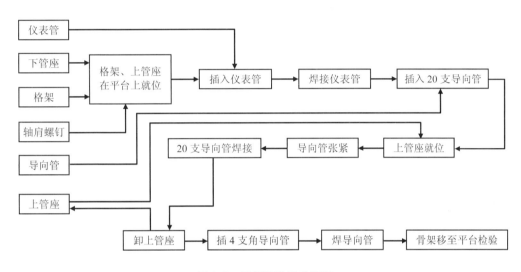

图 6-5　骨架组装工艺流程

燃料棒装入骨架内的方法一般是拉棒方法。组装过程涉及 3 个台面：拉棒机拉杆组所在平面、组件组装平台台面和燃料棒预装盒平台台面，组件组装平台位于中部，拉棒机平台在组件下管座端，燃料棒预装盒平台在组件上管座端。为消除装棒过程中的系统误差，要求每个连续生产的组件，其标识"Y"角相对于平台固定框架的固定角位置，按照逆时针方向转 90°。燃料棒拉棒组装工艺流程如图 6-6 所示。

图 6-6　燃料棒拉棒组件工艺流程

组装完成的组件需要进行清洗，组件的最终检查一般包括外形尺寸、垂直度、长度、棒间距、外观及有无沾污、相关组件抽插力等内容。

6.2.6　合格性鉴定

在正式规模化生产之前，需要开展对应工艺合格性鉴定与产品合格性鉴定，以确保工艺与产品的有效性。一般工艺合格性鉴定需要在产品合格性鉴定之前开展，产品合格性鉴定需要在正式生产之前开展。

当产品合格性鉴定证书生效，且在鉴定有效期内时，规模化生产才能启动。产品鉴定结束后，鉴定批的组件即可直接作为正式产品验收。表 6-1 给出了燃料组件组装生产过程中主要的合格性鉴定内容。

表 6-1　燃料组件组装生产过程合格性鉴定内容

部件	鉴定项目名称	鉴定类型
燃料棒	燃料棒上端塞环焊及切头重焊	工艺
	燃料棒下端塞环焊及切头重焊	工艺
	燃料棒充氦密封点焊	工艺
	燃料棒焊缝、焊点 X 射线检查	工艺
	燃料棒芯块间隙和空腔长度 γ 扫描	工艺
	燃料棒富集度 γ 扫描	工艺
	燃料棒密封性能氦质谱检漏	工艺
	UO_2 芯块	产品
	可燃毒物芯块	产品
	燃料棒	产品
	可燃毒物棒	产品
	燃料棒弹簧热处理	工艺
格架	中间搅混格架	产品
	中间搅混格架焊接及返修	工艺
	格架条带弹簧电阻点焊	工艺
	端部及搅混翼格架	产品
	端部及搅混翼格架焊接及返修	工艺
管座	上管座销钉焊接及补焊	工艺
	下管座固定销的焊接	工艺
	板弹簧时效热处理	工艺

部件	鉴定项目名称	鉴定类型
管座	未装配的上管座焊接	工艺
	压紧板弹簧螺钉时效热处理	工艺
	未装配的下管座	产品
	未装配的上管座	产品
导向管部件	防异物板的时效热处理	工艺
	导向管与端塞焊接及切头重焊	工艺
	导向管部件焊缝 X 射线检查	工艺
组件/骨架	燃料组件骨架	产品
	燃料组件	产品
	定位格架与导向管点焊及补焊	工艺
	导向管的胀接连接	工艺

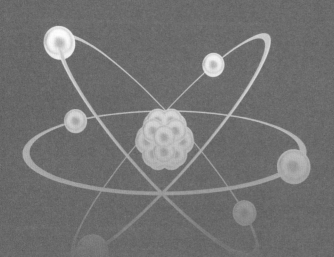

第 7 章

燃料系统损伤及经验反馈

本章介绍国内外燃料系统损伤的概况、原因、机制和经验反馈，参考国内外发生的燃料系统损伤事件的经验反馈，通过研究分析其原因和处理方案，有助于制定合理有效的预防和缓解措施，为降低燃料系统损伤率和提高燃料安全性提供指导和建议。

7.1　燃料棒破损

燃料系统是压水堆核动力厂反应堆堆芯的重要组成部分，其性能需要具备高度可靠性。燃料棒包壳是阻止放射性物质向外扩散的重要安全屏障。

根据《核动力厂设计安全规定》（HAF 102）的要求，设计必须使核动力厂燃料元件和燃料组件能够保持结构完整性，并在考虑运行状态下所有可能导致其性能劣化的因素后，能够承受预期的堆内辐照和环境条件。

根据《核动力厂反应堆堆芯设计》（HAD 102/07）的要求，设计应保证燃料棒在正常运行和预计运行事件下保持结构完整性和密封性。

核动力厂在实际运行中可能发生燃料棒破损，这种破损可分为两类：一类是少量的燃料棒随机破损，其所释放的放射性物质量应在净化系统的净化能力之内，并与核电厂的设计基准保持一致；另一类是因设计缺陷导致的机理性、系统性的燃料棒破损，这种情况超出了核电厂安全分析的范围。

近年来，我国多个核电机组发生燃料棒破损事件，对核电厂运行的安全性造成潜在威胁。本节旨在结合国内外燃料棒破损情况，梳理破损原因和机理，分析对核安全的影响，从经验反馈的角度提出预防缓解措施及建议。

7.1.1　燃料棒破损概况

从世界范围来看，随着技术和设计的不断改进，燃料棒的可靠性呈上升趋势，其破损率逐年明显下降。根据国际原子能机构（IAEA）水冷堆燃料棒破损评述的技术报告（1998 年、2010 年和 2020 年版本），图 7-1（a）为按换料批次方法（包含换料组件在内的所有失效燃料棒与所有燃料组件的比值）计算出的 1987—2015 年全球压水堆燃料棒破损率数据。燃料棒破损率随时代前进呈明显下降趋势，由最高的 1987—1990 年的约 225 ppm（ppm 表示百万分之一）下降至 2011—2015 年的约 18 ppm。2006—2015 年的燃料棒破损率普遍较低，全球平均水平为 36.7 ppm。与燃料棒破损率趋势相同，燃料组件破损率（每 1 000 卸料组件所含破损组件数）整体呈下降趋势。由 1994—2006 年的约

13.8 下降至图 7-1（b）中 2006—2010 年的约 10.0，再至 2011—2015 年的约 3.5。

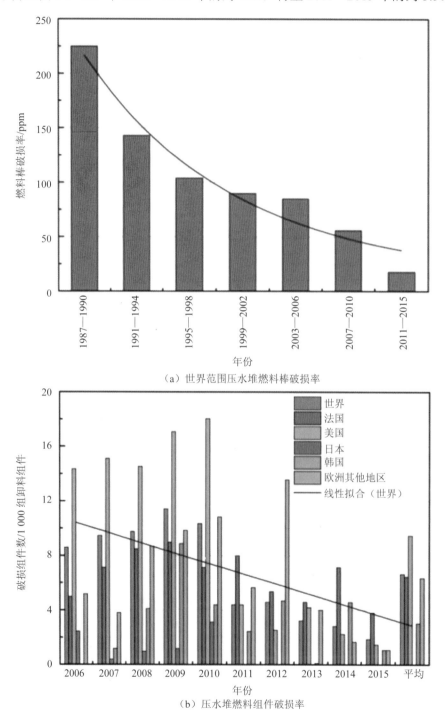

（a）世界范围压水堆燃料棒破损率

（b）压水堆燃料组件破损率

图 7-1　燃料棒破损统计

针对燃料棒的破损原因，IAEA 公布了 1987—2015 年的燃料棒破损原因占比统计，见表 7-1。燃料棒破损原因主要包括格架与燃料棒磨蚀、异物磨蚀、制造缺陷、腐蚀结垢、芯块-包壳相互作用（PCI）、应力腐蚀开裂（SCC）、吊装损伤和围板射流等。对于压水堆、格架与燃料棒的磨蚀以及异物磨蚀是最主要的燃料棒破损原因。制造缺陷引起的燃料棒破损始终存在，但占比总体上低于 10%。腐蚀造成的燃料棒破损主要是来自 1994—2006 年的韩国，原因是 Zr-4 包壳腐蚀。此外，美国压水堆核电厂曾发生过腐蚀导致的燃料棒破损，以及芯块-包壳相互作用引起应力腐蚀开裂导致的燃料棒破损。

表 7-1　全球压水堆燃料棒破损原因占比统计（1987—2015 年）　　　单位：%

破损原因	燃料棒破损原因占比						
	1987—1990 年	1991—1994 年	1995—1998 年	1999—2002 年	2003—2006 年	2007—2010 年	2011—2015 年
格架与燃料棒磨蚀	16.6	42.7	73.0	87.6	78.0	58.4	57.9
异物磨蚀	55.6	46.7	14.5	7.1	13.9	19.5	33.7
制造缺陷	20.8	6.7	9.5	3.4	7.2	16.4	8.4
腐蚀结垢	0	0	2.2	1.5	0	0	0
PCI/SCC	0	0	0	0	0.9	5.7	0
吊装损伤	2.8	3.8	0.8	0.4	0	0	0
围板射流	4.2	0	0	0	0	0	0
未知或不确定	50.0	48.0	26.7	14.6	33.2	28.4	40.2

除此之外，PCI/SCC、吊装损伤和围板射流等破损原因在不同时期的压水堆中有少量出现，总体占比较小。破损原因"未知或不确定"的占比始终较高。由于破损机理的鉴定除燃料检查外仍需做大量的工作，其根本原因和所有相关因素的完全确认需数年时间完成，2011—2015 年的辐照后检查流程尚未完成，因此"未知或不确定"类型的破损比例上升至 40.2%。

各种破损发生的根本原因和影响因素见表 7-2。

表 7-2　燃料棒破损根本原因及影响因素（1987—2006 年）

破损类型	根本原因及影响因素	相关领域			受影响电厂		
		制造	运行	设计	BWR	PWR	WWER
格架磨蚀	各种根本原因及影响因素	×		×		×	
	一燃料棒夹持力不足（设计或制造）						
	一流体弹性不稳定导致的燃料棒振动		×	×		×	
	一流体引起的燃料组件及燃料棒振动		×	×		×	×
	一吊装过程中格架栅元损伤		×			×	
异物磨蚀	回路中的异物		×		×	×	×
腐蚀	过度的腐蚀	×	×			×	×[b]
	CILC（Cu 富集的结垢）	×	×			×	
	包壳材料的缺陷，异常的水化学	×	×		×[b]	×	×[b]
	氢的局部聚集（怀疑）		×				×[b]
	垢相关的破损		×		×	×	
	影子状腐蚀（Shadow Corrosion）		×	×	×		
制造缺陷（除内部氢化）	端塞缺陷	×				×	
	焊接缺陷	×				×	
	包壳的缺陷	×			×[b]		
	Ni 沾污引起的外部氢化	×			×[a, b]		
PCI/SCC	超出 PCI 限值的功率增加		×	×	×		
	正常的功率增加，伴随燃料棒或芯块缺陷	×	×		×	×	
围板喷射	堆芯围板的缺陷		×			×[b]	
氢化	包壳及芯块水蒸气及其他污染	×			×[b]	×	×[b]
PCMI/DHC	外部包壳氢化/氢化物重新取向		×		×[c]		
干涸	流道过度弯曲		×	×	×[a]		
包壳坍塌	燃料柱中的轴向间隙（密实）	×		×		×[b]	

注：a. 孤立事件；

　　b. 早期事件，在 1994—2006 年无明显问题；

　　c. 潜在的破损原因，运行中尚未发现。

2023 年欧盟委员会联合研究中心（JRC）编写的专题报告《燃料相关事件专题研究》收集了德国的 VERA 数据库、法国的 PIREX 数据库、捷克的 DB 事件库、IAEA/IRS 数据库共 231 起燃料相关事件（2009—2021 年），对这些事件进行分析，将其划分为堆内燃料故障事件、燃料操作事件和燃料贮存期间事件。

针对堆内燃料故障事件，事件后果多数对安全运行无重要意义，主要为超出技术规格书限值、降低安全裕度、人员和公众受到计划外的照射等。

造成事件的主要原因包括芯块-包壳的相互作用、腐蚀、异物磨蚀、辐照生长、格架与燃料棒的振动磨蚀、制造缺陷等（表 7-3）。

表 7-3　燃料棒破损事件数统计

燃料棒破损原因	事件数/件	占比/%
芯块-包壳的相互作用	40	46
腐蚀	13	15
异物磨蚀	8	9
计算、模拟、校准、仪器误差	8	9
运行期间的尺寸变化 （辐照生长、燃料棒/燃料通道弯曲/扭曲等）	6	7
格架与燃料棒的振荡磨蚀	3	3
未知/未明确	3	3
围板射流	2	2
制造缺陷	2	2
功率振荡/不稳定性	1	1
冷却不足	1	1
总计事件数	87	—

仅针对 IRS 系统筛选的事件进行分析，造成事件的主要原因包括腐蚀、不稳定性、围板喷射流、冷却不足等（表 7-4）。

其根本原因主要为设计布置和分析（20%）、程序文件缺陷（19%）和工作组织（12%），紧随其后的是人员和组织因素，如个人工作实践（8%）、监督方法（7%）、培训/资质（6.3%）和安全文化（5.7%）。

表 7-4　燃料棒破损原因统计

燃料棒破损原因	2009 年前	2009—2021 年
腐蚀	15	4
不稳定性	15	1
围板射流	13	2
冷却不足	13	1
异物磨蚀	8	2
氢化	8	—
计算错误	7	3
尺寸变化	7	3
其他（未知/未明确）	7	—
格架与燃料棒的振荡磨蚀	6	
制造缺陷	4	1
芯块-包壳相互作用	2	—
总计事件数	105	17

　　为消除或至少在可行的范围内尽量减少类似事件的再次发生，根据主要根本原因制定的纠正措施包括"改进程序升版流程、工作监督和审查"（23%）、"维修或更换系统/设备"（16%）、"人员培训"（12%）、"改变运行模式、文件和程序的变更"（11%）、"分析"（9%）和"设计修改"（8%）（表 7-5）。

表 7-5　纠正行动

纠正行动类别	事件数/件
改进程序升版流程，工作监督和审查	77
维修或更换系统/设备	52
人员培训	39
运行模式、文件和程序的变更	37
分析	28
设计修改	27
回顾再次发生的可能性或跟进运行经验	22
其他试验（定期、鉴定……）	12
维修/监督项目的变更	12

纠正行动类别	事件数/件
加强安全要求	8
监督改进	7
未知/未确定	4
设置修改（仪表、电气部件等）	3
其他	1
总数	329

7.1.2　燃料棒破损原因、机理和经验反馈

7.1.2.1　格架与燃料棒的微振磨蚀

格架与燃料棒的微振磨蚀一直是压水堆燃料棒破损的主要机理，在已知的燃料棒破损原因中，该破损机理始终占比最高。主要原因是格架对燃料棒的夹持不够充分或流道间横向流导致的流体激励作用引起超出设计预期的燃料棒振动，最终导致燃料棒磨蚀穿孔（图 7-2）。

典型的燃料棒磨蚀　　　　　磨蚀引起的包壳穿孔

图 7-2　格架与燃料棒磨蚀

在法国在运的 58 座压水堆核电机组中，法国电力集团（EDF）统计了 400 多组破损燃料组件的运行经验，约有 100 组燃料组件由格架与燃料棒的微振磨蚀导致的燃料棒失效，其中，约 70 组发生于 1 300 MWe 反应堆中，而剩余 30 组则发生于 900 MWe 反应堆中。

大多数燃料组件破损都是发生在最后一个辐照循环。在 EDF 1300 MWe 反应堆中观

察到的格架与燃料棒微振磨蚀均发生在位于堆芯内圈燃料组件的下端部格架位置。这是因为在堆芯内圈燃料组件的下部有较高的横流，辐照引起的燃料组件格架弹簧应力松弛降低了格架弹簧对下端部格架中燃料棒的夹持力，同时堆芯底部流体激励引起燃料棒振幅过大，从而导致燃料棒振动加剧，在格架与燃料棒之间出现微振磨蚀，最终导致燃料棒的包壳发生破损。

在法国机组发生格架与燃料棒微振磨蚀事件之后，法马通在燃料组件的底部增加了一个下部加强格架，以增加燃料棒在格架与燃料棒微振磨蚀最敏感区域位置的支撑，并将其推广到其他 1 300 MWe 系列核电厂。法国核安全局为吸取经验，对一回路放射性水平相关的"惰性气体总比活度"和"碘-131 剂量当量比活度"两个参数规定了更加严格的限值，并将其推广到其他运行核电厂。

为了改善格架与燃料棒的磨蚀情况，多家公司从设计端进行了改进（图 7-3）。美国西屋公司对其燃料组件格架结构及弹簧设计进行了修改，以增强其抵抗磨蚀破损的能力。17×17RFA 格架设计提高了磨蚀的裕量及 DNB 的裕量。采取的措施包括：采用了保护格架；相对原设计增加了燃料棒与格架的接触面积，对格架条带本身的孔隙进行了修改。

图 7-3   燃料格架典型设计改进方案

美国西屋公司采用了保护格架，为燃料棒提供保护使其能抵抗燃料组件入口横向流引起的弹性振动。该格架在底部支撑燃料棒。这种保护性的夹持固定住燃料棒的端部，同时底部结构格架处在更靠上的位置，这样使燃料组件底部两层结构格架间的跨距减小。该设计可以改变燃料棒的振动特性，消除流体引起的磨蚀效应。

2011—2015 年，美国发生 4 次共 25 组、法国发生 2 次共 13 组燃料组件因格架磨蚀引起的破损事件。

造成该磨蚀的根本原因有 5 项，包括：

①燃料棒夹持力不足；

②流体弹性不稳定性导致的燃料棒振动；

③流体引起的燃料组件及燃料棒振动；

④吊装过程中格架栅元损伤；

⑤格架弹簧开裂。

其中格架弹簧的开裂为 2006—2015 年新发现的原因。该破损见于法国的一些压水堆中的底部格架和少数低中子注量的上部格架，弹簧断裂的根本原因是辐照导致的应力腐蚀开裂。破损通常在燃料组件的寿期末发生，并且主要影响第一个循环布置在围板附近的组件（中子通量低的堆芯位置）。弹簧断裂的锋利边缘因振动而磨损包壳，从而导致包壳失效。

2008 年，法国首次发现燃料组件格架弹簧的断裂碎片，原因是辐照加速导致格架弹簧发生应力腐蚀开裂，弹簧碎片成为异物或卡在格架内部，最终由于振动导致燃料棒破损，后续又在多个机组中发现类似现象。法国提出的解决方案是通过调整弹簧热处理工艺来降低应力腐蚀开裂的敏感性，同时在停堆期间增加对下堆芯板的检查。

7.1.2.2　异物磨蚀

随冷却剂流动进入燃料组件磨损燃料棒的异物磨蚀是造成燃料棒破损的重要原因。异物磨蚀是燃料棒破损的常见机理（图 7-4），主要原因是一回路中各种类型的异物在燃料棒间滞留造成包壳的磨蚀穿孔。

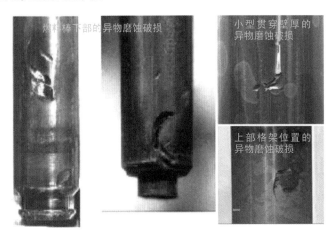

图 7-4　异物磨蚀

IAEA 早期统计表明异物磨蚀是水冷堆燃料棒破损的第二大因素，占比 35%。近年来随着燃料技术的提升，其他因素引起燃料棒破损的数量逐渐减少，异物磨蚀破损占比不断上升，韩国核电厂中异物磨蚀破损占比已达到 40%。因此在维持下管座良好的承载和流量分配功能的基础上，提高过滤异物能力是降低燃料组件破损率和提升燃料组件可靠性的重要途径。

异物通常滞留于燃料棒与底部格架之间，因此磨蚀常发生在下部格架位置。大多数异物引起的磨蚀都发生在燃料运行寿期的早期。在引入了防异物下管座后，异物的尺寸变小，只有长且薄的小尺寸异物能够穿过防异物装置，上部格架位置的磨蚀缺陷出现增多。2006—2015 年，包壳薄片异物、围板螺栓断裂和包壳剥落为新发现的异物磨蚀破损原因。在这些原因中，包壳薄片异物和包壳剥落导致法国的一些反应堆中出现很小的贯穿壁厚的裂纹。自 2010 年以来，燃料棒在插入燃料组件骨架的过程中用水进行润滑，改善了该问题。对于围板螺栓断裂引起的磨蚀，围板螺栓更容易在具有 "down-flow" 配置的早期美国西屋公司四环路反应堆中退化，目前已经检测到美国两家核电厂的围板螺栓出现退化。

国内某核电厂卸料前，发现指套管、防断底板支承柱明显损坏，吊篮筒体与辐板连接固定用螺钉防松销脱落，存在异物导致 7 组燃料组件的 21 根燃料棒磨蚀破损，8 组燃料组件定位格架损伤，54 组燃料组件的压紧弹簧未能复位。

美国某核电厂曾在机组完成换料之后，已知有两根燃料棒存在缺陷的情况下重新启动。一回路冷却剂活度数据表明可能存在 9～12 个燃料棒破损，可能是高燃耗燃料棒的细微裂纹或穿孔缺陷导致。在运行 490 多天后机组开始换料大修，其间对燃料组件进行检查，有 448 根燃料棒存在穿孔缺陷。这些缺陷是燃料棒底部的小金属碎片（大修期间产生）与燃料棒包壳磨蚀引起的。

美国某核电厂在更换蒸汽发生器后的第一个运行循环内就出现了许多燃料缺陷。在蒸汽发生器更换后的 5 个循环内，共发现 76 组燃料组件存在缺陷。其原因是蒸汽发生器更换过程中向反应堆冷却剂系统引入了金属碎片，导致异物磨蚀。

为了降低异物磨蚀的发生，西屋、法马通等公司进行了多种防异物设计。西屋公司于 1988 年在压水堆燃料组件中采用了防异物管座（DFBN）。相较于之前的下管座，DFBN 下管座减小了冷却剂流入燃料组件流水孔的直径。西屋公司 Performance+燃料组件的下部装有保护格架，其十字交叉的条带将流水孔分为 4 个小的单元，达到阻挡异物的作用，与其相配的是燃料棒的下端塞，使偶尔过来的异物只磨下端塞而不磨燃料棒包壳。另外在燃料棒下部的外表面，预先生成氧化层，可起到增加耐磨的作用。

法马通在 AFA 3G 燃料组件中采用了 TRAPPER™ 下管座，该管座上安装了防异物滤板。法马通还建议采用防异物的 RFBN（Robust Fuel guard）下管座，该管座也为燃料组件提供了防异物保护。该管座采用弯曲的薄片平行排列的设计，使通过管座的方向没有直的通道。该设计提供了高效的异物过滤功能，同时具有较小的流动阻力。大的颗粒被薄片之间的狭小空间阻挡，长的线状异物被弯曲的通道捕获。因此能可靠地防止异物进入燃料棒区域引起磨蚀破损。

关于异物的来源，一些异物来自燃料组件本身，在这种情况下，缓解异物的措施需要依赖于燃料设计的改进或燃料制造过程的优化。例如，格架弹簧的应力腐蚀开裂导致一些弹簧断裂成为异物，因此使用对应力腐蚀开裂裂纹萌生敏感度低得多的材料可以有效地降低格架弹簧断裂，从而减少来自燃料组件本身的异物。

对于外部异物，排除外部异物是一个持续的问题，可以通过以下措施减少外部异物的产生：

①在一些产生外部异物的重要工作区域采取防范措施，包括建立严格的燃料组件制造区域，保持工作区域干净整洁；

②燃料组件在制造厂中清洗，并仔细检查，确保清洗后的燃料组件没有外部异物；

③采用固定的燃料组件制造工具以及个人防护设备等。

7.1.2.3　制造缺陷

制造缺陷导致破损的主要原因是燃料棒端塞缺陷、焊缝缺陷和包壳缺陷，有时也包括管材轧制缺陷。

造成这种现象的原因有：使用不合格的挤压棒材尾料做端塞；焊接过程控制气氛不严造成氮沾污或未焊透/焊缝区存在夹杂物；组装时因推/拉棒工艺不当造成格架因科镍弹簧损坏，致使有镍在包壳表面沉积，从而造成包壳局部吸氢过量发生氢化破损。

国内核电厂出现过数次由包壳制造缺陷（焊接缺陷或制造期间引入的锆屑磨蚀）引起的破损。

1994 年，法国某核电厂在大修结束返回满功率运行两周后，因为燃料破损，一回路放射性活度高导致停堆，检查发现有 2 组新燃料组件共 10 根燃料棒破损，所有燃料棒破损位置都类似，位于下端塞上部。事件原因为部分芯块氢含量偏高导致包壳管内部一次氢化，制造厂在后续采取了措施防止污染再次发生。

2017 年，德国某核电厂在机组换料大修期间对燃料组件例行目视检查时发现，燃料棒的上部位置有氧化剥落、褪色、高氧化膜厚度等缺陷。在压力容器内也发现大量异物，经分析，异物为脱落的氧化锆碎片。检查发现 32 组燃料组件有异常氧化现象。该批次燃料组件与其他批次燃料组件均遵照同一技术规格书制造，但铁含量偏低（满足技术规格书要求）。

2012 年，德国某核电厂对乏燃料池中的 AREVA HTP 型燃料组件进行维修时发现，一组燃料组件的压紧弹簧断裂。对其进行额外的检查发现，还有 2 个压紧弹簧损坏。随后对来自同一批次的 7 组辐照后燃料组件进行检查，发现每组燃料组件中至少有一个弹簧损坏。鉴于此，德国在另一核电厂于 2012 年 5 月换料期间对 34 组 AREVA HTP 型燃料组件进行了检查，在 2 组燃料组件上检测到单个压紧弹簧断裂。

通过目视检查、断口分析、涂层分析和金相分析，确认弹簧断裂是由弹簧内径开始的晶间应力腐蚀开裂引起的。与锆合金导向管相比，使用钢导向管燃料组件的压紧弹簧需要有更高的初始弹簧压力，以补偿整个使用寿期内的松弛。因此，受影响弹簧中的运行应力仅略低于所用材料的许用应力（485 MPa）。使用锆合金导向管的燃料组件，弹簧应力较低，因为压紧弹簧的松弛部分被导向管的辐照生长补偿，而钢导向管则没有明显的辐照生长。受影响的弹簧显示出表面粗糙化和晶间表面腐蚀，最大深度为 20～35 μm，这是由线丝制造过程造成的。对表面沉积物的分析没有发现存在任何促进腐蚀的污染。

采取的改进措施包括：不再使用由该类线材批号制成的压紧弹簧；为防止正常运行过程中使用其他线材批号的压紧弹簧进一步损坏，编制检查大纲，对装配有钢导向管燃料组件的压紧弹簧进行检查；为避免类似缺陷，对燃料组件压紧弹簧的设计和制造规范进行优化，涉及弹簧的应力、材料、制造工艺和表面光洁度的规格说明。

由制造缺陷引起的燃料棒破损，多年来一直通过制造工艺的改进和严格的质量管理来控制，随着制造工艺的改进，这种类型的破损数量逐年下降，但还没完全杜绝。

7.1.2.4　腐蚀

腐蚀导致破损的原因是包壳因腐蚀生成氧化膜使壁厚逐渐变薄，并提高金属与氧化膜界面的温度从而进一步加速腐蚀，形成恶性循环，最终因包壳穿孔而引起燃料棒破损或性能严重劣化。目前，除不利的水化学条件、异常高的热流密度或局部结垢引起的过度腐蚀外，由腐蚀直接引起的燃料棒破损已比较少见。

腐蚀主要为轻水堆燃料棒锆合金包壳的水侧腐蚀或外部腐蚀。在燃料设计中一般规定：设计寿期末，包壳均匀腐蚀深度或磨蚀深度应小于包壳壁厚的 10%。运行经验表明，在压水堆中，主要发生均匀腐蚀；在沸水堆中，主要为疖瘤状腐蚀和积垢引起的局部腐蚀（CILC）。

德国、巴西、法国、我国均出现过燃料棒包壳加速氧化现象，甚至还出现了更为严重的氧化膜脱落现象。

不同事件中观察到的加速氧化现象为：

①燃料棒表面出现白色氧化膜；

②加速氧化现象位于活性段上端部，某些情况下扩展到燃料棒上气腔区域；

③部分存在氧化膜剥落/脱落，不同事件中剥落程度略有差异，有些为局部区域脱落，有些为大片剥落。

在大部分事件中，加速氧化现象在组件第 1 循环后便已开始，但有时在第 2 循环或第 3 循环结束后才被观察到。在许多情况下，组件的加速氧化程度在随后的循环内并没有显著的变化。原因分析表明，包壳加速氧化并非由单一因素引起，而是包壳材料与反应堆运行条件综合作用的结果，包括包壳材料敏感性、反应堆运行条件等。

国内外各核电厂采取的预防措施主要有：

①限制堆芯功率、限制负荷跟踪运行；

②限制堆芯上部的功率密度；

③增加冷却剂中的溶解氢含量，限制高氧化环境的形成；

④采用更加严格的氧化膜厚度限值。

在法国某核电厂机组卸料期间，发现有 74 组燃料组件有氧化物沉积，啜吸检查发现有 3 组燃料组件破损，进一步检查表明，这些氧化沉积物是 3 组燃料组件（Zr-4 包壳）破损的原因。

分析表明，反应堆在低 pH 范围内运行（60 天 pH 低于 6.9），导致蒸汽发生器传热管腐蚀现象加重，腐蚀产物在燃料组件上沉积。此外，该机组在循环期间没有进行注锌操作，该操作也没有被确定为蒸汽发生器更换后的必要措施。综合研究表明，为了防止燃料棒包壳上产生沉积物的风险，尤其是降低中子通量偏移和包壳腐蚀的风险，需要进行注锌操作。

在下一循环的堆芯装载设计中，不使用该循环辐照后的组件，大多采用富集度类似于第 2、第 3 循环的新燃料组件。对该循环使用过的组件进行清洗，并对其氧化膜厚度进行测量，用于后续循环。为限制堆芯中的泡核沸腾（加速燃料棒表面沉积），功率降至 93%。

7.1.2.5　芯块-包壳的相互作用（PCI）

这种类型的破损是指燃料棒中的芯块与燃料棒包壳发生接触后，在机械和化学作用下导致燃料棒包壳开裂。

20 世纪 70 年代和 80 年代，PCI 失效在商用电厂中较为常见，尤其是在沸水堆中，压水堆电厂也发生过一定程度的 PCI 失效。后续，2000—2008 年，出现了很多负荷变化相关的包壳失效，这些失效与功率改变有关。

若干相互作用的因素会影响压水堆燃料的 PCI 失效可能性，这些要素包括：

①由功率变化期间的节点燃耗、节点调节功率和节点峰值功率界定的局部运行条件；

②执行功率变更时的速率；

③燃料棒特性（如包壳材料出现应力腐蚀开裂的敏感性、芯块和包壳辐照以及热学性能等）。

若这类因素有一个或多个发生变化，则会对 PCI 失效可能性产生影响。

PCI 引起轻水堆燃料棒破损是机械和化学联合作用的结果，PCI 的程度取决于功率剧增前在低功率下所累积的燃耗、剧增时的最大棒功率、功率增量、平均剧增速率和在高功率下停留的时间。功率剧增容易加剧 PCI，在遵循运行规范以及燃料设计优化的基础上，PCI 导致的压水堆燃料棒破损已比较少见。

7.1.2.6　一次氢化

由一次氢化所引起的燃料棒破损主要是由于燃料棒内存在过量的水分或残留有机物，即有足够的当量氢含量，包壳内表面失去或不能及时修补氧化膜的地方局部吸氢，产生破损。包壳内表面酸洗后残存氟，可加速氧化膜破坏。燃料棒端塞焊接也可使包壳内表面的氧化膜溶解，所以，端塞处尤其是下端塞处会容易产生内部氢化破坏。

通过采用高密度燃料芯块、燃料芯块和包壳烘干、除气、防止有机物沾污等工艺手段可抑制一次氢化现象发生。某些沸水堆燃料棒还在气腔内设置吸氢剂，以防止一次氢化引起的燃料棒破损。

7.1.2.7　包壳坍塌

20 世纪 70 年代初，由于燃料芯块辐照密实化，在燃料芯块柱轴向形成间隙，致使许多压水堆燃料棒包壳坍塌而破损。

这种破损通过采用合适密度（一般为 95% TD）和稳定的燃料芯块以及燃料棒预充氦压等已基本消除。

7.1.2.8　围板射流

环绕堆芯的围板连接不合理，致使产生喷射流引起邻近燃料棒振动磨蚀破损。

采用降低围板两侧压差的设计，可基本消除围板射流引起的燃料棒破损。

7.1.2.9　燃料棒弯曲

尽管未见到因弯曲而导致燃料棒包壳破损，但燃料棒弯曲会使燃料组件中的燃料棒与燃料棒之间间距减小，从而使偏离泡核沸腾比的裕量降低。为此，规定燃料棒弯曲使棒间距闭合不得超过原名义棒间距的 50%。

7.1.2.10　端塞掉落/缺陷

关于燃料棒端塞掉落或缺陷，本节给出国外一些典型案例。

（1）美国某机组燃料棒下端塞脱落（BWR）

事件描述：2018 年，美国某机组蒸汽喷射器样本中检测出氙-138/133 比例超出程序诊断限值，表明存在燃料泄漏。在 2019 年机组换料大修期间，通过详细的目视检查发现，下端塞在压力电阻焊（USW）的焊缝稍上方与包壳分离，在第 9 跨上发现一个小的氢化物水泡/凸起。由于下端塞掉落，无法对破损燃料棒进行拔棒开展进一步检查，同时为达到最佳的目视效果，核电厂决定拆除破损燃料棒周围的其他燃料棒。对被拆除的每根棒都进行涡流检查，发现全部完好无损。

事件原因：经过原因分析确定了 3 种可能的失效机理：内部污染导致的一次氢化（最可信）、碎屑微动磨蚀以及与压力电阻焊缝接头有关的情况。

纠正行动：针对一次氢化，评估燃料供应商的失效模式与影响分析（FMEA）；审查燃料供应商材料控制流程先前的评估行动；增加具体的换料防污控制措施等。针对碎屑微动磨蚀，使用抗碎屑能力更强的燃料设计；对燃料组件的 FME 计划进行评估，以减少外部碎屑进入格架和管束的情况。针对端塞焊接故障，评估从破损棒上获取端塞开展进一步检查的收益和风险；评估实施 USW 过程 FMEA 潜在措施的优点和可行性。

（2）美国某机组上端塞缺失/磨损（PWR）

事件描述：美国某机组第 6 循环运行期间出现燃料破损迹象，对堆芯卸载的所有燃料进行目视检查，发现有 7 根燃料棒出现异常，燃料组件 0B3 的一根燃料棒在第 2 层格架上方有一个小孔，在第 4 层格架上方有一个大孔（直径约为 1/4 英寸[①]，约 6.35 mm）；燃料组件 J15、6A2、3A2、1B5、4A5 和 4A0 均有一根燃料棒失去了上端塞。端塞与燃料棒分离部位均位于环焊缝处或附近。此外，在 10 个其他燃料组件中均有一根燃料棒

---

① 1 英寸=0.025 4 m。

发现了一个小孔。还在 5 根燃料棒（分布在 4 个燃料组件中）的环焊缝处发现了裂纹或者气孔。在一个组件中，两根相邻燃料棒似乎有异物引起的微动磨损痕迹。除目视缺陷外，在几个燃料组件上还发现了腐蚀沉积物，另外在约 20 个燃料组件上发现了金属屑异物。

根据啜吸和 BBR（Brown Boveri Reaktor）系统单棒泄漏检测结果，结合目视检查结果，确认第 6 循环中有 52 个燃料组件发生了破损。如果将这些破损燃料组件按区域划分，每个区域大约有 30% 的燃料组件发生了破损。BBR 检查结果表明，第 6 循环中有 81 根燃料棒有缺陷显示。同时观察到燃料棒成对或成组破损发生率很高。

通过高倍放大电视对处于外围两圈的 60 根燃料棒进行了检查。根据超声检查结果，这 60 根棒中已知有 48 根存在缺陷。有 3 根燃料棒未发现破损，但是通过高倍放大电视检查发现了破损，因此总计 84 根燃料棒发生了破损。这 3 根燃料棒中的 2 根与先前已知有缺陷的一根配对，因此成对或成组破损的燃料棒数量增加到了 33 根。在 31 根燃料棒上直接观察到了异物磨损。发现成组破损与异物磨损有关，因此外围两圈中的 5 根燃料棒破损可以间接归因于异物磨损。这 5 根棒要么是一组破损棒的一部分，要么与有磨损痕迹的棒相邻。因此，在检查的 51 根破损燃料棒中有 36 根显示是异物磨损导致失效的。此外，其他还有一些燃料棒观察到部分（非贯穿壁厚）磨损痕迹。除了外围两圈有 36 根燃料棒破损直接归因于异物磨损，内部还有 14 根破损燃料棒是成对的，这些燃料棒的破损也可能直接归因于异物磨损。

除上述观察结果外，还对端塞缺陷和氢化物进行了观察，发现了 12 根有缺陷的端塞。在这 12 根上端塞有缺陷的燃料棒中，11 根燃料棒分布在燃料组件的外围两圈中，并且这些燃料棒的下端塞也有异物磨损，有 3 根与存在磨损缺陷的燃料棒相邻。除目视检查外，从一根端塞焊缝有严重裂纹的燃料棒上取出端塞试样在热室中进行了检查。还从另一个组件的下管座上取回了第二个上端塞进行了检查。检查结果表明，端塞中有大量的氢，这表明发现的端塞损坏是二次氢化造成的。在观察到氢化物气泡的 20 根燃料棒中，有 13 根也发现了异物磨损。

由于第 7 循环仍显示有燃料组件破损，该核电厂在 1984 年的换料大修中对第 7 循环的组件也进行了检查，发现 157 组燃料组件中，有 8 组啜吸显示出现泄漏。随后的高倍放大电视检查发现，其中 2 组燃料组件在第一个格架下方出现磨蚀小孔，4 组燃料组件有异物磨蚀痕迹，另外 2 组无异常显示。

原因分析：根据初步评估，排除了围板射流、燃料棒弯曲、疲劳和蠕变坍塌等失效机理，进一步检查和评估无法排除一次氢化、焊接缺陷和应力相关缺陷等机理，同时确认许多失效是异物磨损导致的。

纠正行动：①泄漏燃料组件不再入堆；②评估美国西屋公司对燃料棒设计技术条件和制造工艺进行的详细审查，减少后续出现设计和制造相关缺陷的可能性；③对计划在第 8 循环重复使用的燃料组件进行清洁，对反应堆压力容器、蒸汽发生器下封头、反应堆换料腔进行异物检查，并在必要时进行清理。

（3）美国某机组上端塞缺失（PWR）

事件描述：1984 年，美国某机组换料大修期间，检查了第 4 循环中燃料组件（N1C4）是否存在泄漏。根据啜吸检查，157 组燃料组件中 17 组存在泄漏。高倍目视检查表明，2 组燃料组件的上端塞缺失，1 组燃料组件端塞开裂，2 组燃料组件存在穿透型微振磨损缺陷，1 组燃料组件存在氢化物起泡缺陷，9 组燃料组件存在微振磨损或碎屑。

原因分析：根据啜吸和视频检查，可能的破损原因包括一次氢化、碎屑引起微振磨损、焊接缺陷和应力相关缺陷。

纠正行动：①确定为泄漏的组件不再入堆；②对在下一循环堆芯中重复使用的每个组件进行预防性碎屑清理；③清洁部分反应堆冷却剂系统；④对美国西屋公司使用的燃料棒设计规范和制造工艺进行详细审查，以确定它们是否足够保守，以降低未来设计和制造相关缺陷的可能性。

（4）美国某机组多根燃料棒包壳破损、1 个端塞掉落（PWR）

事件描述：美国某机组第 5 循环期间，反应堆冷却剂系统 I-131 浓度高于正常水平，表明可能有燃料破损情况。第 5 循环末，进行了全堆芯啜吸，发现 26 组燃料组件出现包壳破损。经过目视和超声检查，发现 26 组组件中有 32 根燃料棒出现破损，1 根燃料棒的 1 个端塞丢失。除一组只有 1 根燃料棒泄漏的组件继续使用外，其他破损组件都不再入堆使用。

（5）巴西某机组一根燃料棒下端塞丢失

事件描述：1993 年，巴西某机组第 4 循环运行期间发现燃料棒破损，运行 9 个月后机组停堆检修。检查发现 17 组组件共 64 根燃料棒发生破损，其中一根燃料棒下滑接触下管座且下端塞缺失。

事件原因：格架弹簧设计不够合理，未提供足够的夹持力，导致格架与棒之间发生微振磨损。

（6）巴西某核电厂乏燃料池中燃料棒上端塞丢失

事件描述：2005 年，巴西某核电厂发现乏燃料池中的燃料元件 0106 上端塞丢失。

查询 2002 年第 1 循环堆芯卸载时的燃料元件目视检查报告，显示当时端塞的焊缝具有正常特性。2005 年，完成燃料元件维修后旋转吊篮，对燃料元件上端塞和燃料元件第一层格架进行目视检查，没有找到上端塞，通过观察假棒插入时的阻力值也排除了上端塞在此的可能。对 2002 年的目视检查录像带进行了重新评估，未确认是否存在上端塞。之前对靠近倾斜吊篮旋转区域的乏燃料池地板也进行了检查，未发现上端塞。必须要继续检查乏燃料池的地板，上端塞很大可能掉在了乏燃料池地板上，并且可能已经进入燃料元件储存格架下面。

事件原因：碎片造成燃料棒破损，导致水进入燃料棒内对焊缝产生二次影响，自 2002 年年初以来储存在乏燃料池中，促进了燃料棒上端塞焊缝腐蚀，在倾斜移动燃料元件进行维修时，或在拆卸燃料棒进行改造时，可能发生上端塞丢失。

7.1.2.11　芯块掉落

关于芯块掉落，本节给出国外一些典型案例。

（1）美国某核电厂燃料棒断裂、213 个芯块掉落

事件描述：1993 年，美国某核电厂进行压力容器回装准备工作，在换料堆腔排水过程中，在堆腔斜坑内发现异物，其接触剂量率远高于该区域在换料期间的典型剂量水平。营运单位在堆腔内加注大约 2 英尺的水以提供屏蔽。通过对堆腔进行远程摄像机检查，识别出该异物为长约 5 英尺（1.5 m）、直径约 0.4 英寸（1.0cm）的圆柱形物体，怀疑为某根燃料棒的一部分；进一步检查发现，斜坑内还有另外 3 块疑似燃料棒碎片的物体，所有的碎片总长度约 12 英尺（3.66 m），其中一个碎片上有端塞并且可见序列号，通过序列号确认这些碎片来自 I-024 组件中 S-15 燃料棒在换料过程中的脱落（在后续调查中发现其中一块不是燃料棒碎片），该组件在换料期间被提出至斜坑，旋转 180° 后重新装入堆芯。

1993 年 7 月 4 日，3 块燃料棒碎片被收集到斜坑内的容器中。7 月 6 日，将 I-024 组件从堆芯中吊出。提升过程中，传感器读数显示载荷大于预期。检查证实，组件仍然处于其堆芯位置，作业停止。经分析，共有 213 个燃料芯块缺失（约 5 英尺长），约 938 g。51 g 包壳缺失，以及发现未定量的格架碎片。

事件原因：堆芯围筒和燃料组件干涉，导致单根燃料棒磨损和失效。可能的根本原因包括操作条件造成的围筒变形；螺栓松动或断裂造成的围筒变形；上部导向结构（UGS）和堆芯支撑板的错位。促成原因包括燃料组件 I-024 在堆芯 5 个循环、换料操作中造成轻微损坏、格架松弛；第 9 循环后更换了蒸汽发生器，增加了冷却剂流量；由于

引入高性能燃料组件（HTP）导致局部冷却剂流量变化；燃料组件弯曲和扭转。

纠正行动：①换料过程中至少对围筒 4 个角部位置进行检查；②下个循环对围板进行详细检查；③追溯堆芯围板和组件间隙的施工图纸和文件；④限制标准双金属组件的使用为 4 个寿期；⑤继续检查高性能定位格架组件，以确认它们符合设计要求；⑥对于第 12 循环，实施计划的屏蔽燃料组件设计，或在围板角放置乏燃料组件，使燃料组件弯曲朝向堆芯并远离围板；⑦利用堆外中子探测器继续进行反应堆周期性噪声分析；⑧在第 11 循环堆芯设计中使用特殊燃料组件，并布置于围板角位置。该燃料组件有 14 个燃料棒被超长不锈钢棒代替。在与围板角部干涉的燃料组件角部位置放置 8 根不锈钢棒，以避免类似失效。组件的其他 3 个角各放置两根不锈钢棒。

（2）美国某核电厂多组燃料组件破损、芯块掉落

事件描述：1981—1982 年，美国某核电厂发生了燃料组件重大损坏。随后的目视检查发现 17 个燃料组件损坏，估计 367 个燃料芯块从损坏的燃料棒中掉落。尽管这些燃料芯块中的大部分仍留在燃料组件内，但并非所有散落的芯块都被回收。大约 5 年后，在反应堆容器法兰和下部换料腔区域发现了几个燃料芯块和芯块碎片。1990 年，燃料破损事件发生 8 年后，仍然需要采取特殊措施来检测和防止分散的放射性颗粒扩散。在进入潜在的离散放射性粒子（红色区域）区域时，电厂的许多区域都需要采用特殊的辐射防护技术和额外的防护服。大约 13% 的安全壳和 2.5% 的辅助厂房被张贴为"红色区域"。1982 年以来，该电厂已发现大约 3 000 个分散的放射性颗粒。

事件原因：下部堆芯围板接头间隙过大，水射流引起附近燃料棒振动。

（3）美国某核电厂燃料组件破损、15 个燃料芯块掉落

事件描述：2014 年，在美国某核电厂 2 号机组卸料过程中，于堆芯 B11 位置正下方的堆芯隔板上发现了疑似燃料碎片的异物，该区域是第 23 循环中 4Z9 号燃料组件所处位置。对燃料组件 4Z9 进行视频检查发现，两个燃料销的顶部弹簧脱落。经过详细的视频检查，估计有 15 个燃料芯块从 4Z9 燃料组件中脱落。该反应堆堆芯共包含约 1 500 万个燃料芯块。在识别和回收燃料芯块的过程中，发现的碎片与受损燃料组件中的 5 个燃料芯块匹配。此外，通过异物搜寻和检索系统（FOSAR），在堆芯中发现了预计与 3 个芯块量相当的碎片。其他 7 个脱落的燃料芯块已经或预计将化成细颗粒，溶解在一回路低流速区域或者通过正常的净化过程去除。由于 7 个芯块的具体位置无法确定，核电厂按照法规要求上报了核材料丢失。

事件原因：燃料组件失效直接原因为围板射流。在 2 号机组第 23 循环期间，围板

射流导致位于堆芯位置 B11 的 4Z9 组件中的两根燃料棒开始旋转和振动,继而导致燃料棒磨损,最终导致机械故障和燃料棒解体。燃料棒解体后,至多有 15 个燃料芯块从两根受影响的燃料棒中脱落。燃料组件失效的根本原因是老化,围板和螺栓的材料性能发生了变化,导致围板连接处的缝隙增大。自机组运行以来,应力、温度和辐照导致螺栓和围板松弛、蠕变并失去预紧力。材料性能的变化,使 B11 位置附近的围板角连接处的缝隙在相对较高的压差(围板-吊篮形式下约 25 psi①)作用下增大。

纠正行动:①进行燃料组件重组,采用了一个低富集度组件,并用 7 根不锈钢棒代替可能受到围板射流影响的燃料棒;②在堆芯隔板上取回了明显的燃料碎片;③对第 22 循环相同位置的组件进行了检查,未发现围板射流现象;④对第 23 循环其他位置的组件进行了检查,在 10 个组件的中心连接位置发现部分燃料棒存在轻微磨痕或表面腐蚀,并在格架相同位置发现磨损痕迹,专家分析后认为无须采取进一步行动;⑤实施反应堆容器向上流转换(UFC)。

(4)美国某核电厂芯块掉落(PWR)

事件描述:1986 年,美国某核电厂处于模式 6,反应堆压力容器顶盖关闭且燃料重新装料完成。在对反应堆压力容器内部构件进行目视检查时发现围板周围有 5 个物体,在反应堆厂房内的燃料翻转机区域和燃料转运通道旁边发现了另外 4~5 个物体。6 月 28 日,确认这些物体是被辐照的燃料芯块,从燃料组件 D-03 的一个破损燃料棒中掉落出来。检查发现,17×17 燃料棒阵列中 16 号燃料棒的顶部 6~8 英寸缺失,燃料棒上部偏离垂直方向约 1.5 英寸。燃料组件 D-03 仍与抓具相连,已降低到堆芯板的几英寸以内,但由于燃料组件过度弯曲而无法完全就位。此外,15 号燃料棒垂直向下错位,沿 16 号燃料棒有 3 个格架条带损坏。

事件原因:燃料棒破损的原因是堆芯围板射流。

(5)斯洛文尼亚某核电厂燃料组件严重破损、芯块掉落

事件描述:2013 年,在斯洛文尼亚某核电厂换料大修的堆芯卸载过程中,通过堆内啜吸方法检查所有燃料组件的燃料棒完整性。根据运行期间冷却剂的放射性活度,发现 6 个燃料组件出现破损。在将燃料组件从反应堆转移到乏燃料池的过程中,在燃料转运通道的底部发现了一个长 50 cm 的不明物体。当取出该物体时,确定这是来自燃料组件 AD11 的一段燃料棒。对从堆芯卸出的所有燃料组件进行目视检查发现,3 个燃料组件的 8 根燃料棒存在破损(开放式的包壳缺陷),部分包壳缺失并且燃料芯块散落;另有

---

① 1 psi=6.894 757 kPa。

3 组燃料组件各有 3 根燃料棒存在包壳致密缺陷，其中一根破损。在事件发生期间，所有安全系统仍可发挥其预期功能，核安全水平没有降低，未超出运行限值和条件，主冷却剂的活度低于限值的 3%，事件期间未发生其他紧急情况。

事件原因：对反应堆压力容器、反应堆容器内部构件、反应堆腔和燃料输送通道进行全面的异物搜索和回收检查，以发现和收集碎屑，包括分散的燃料芯块材料，并且在其他燃料组件的管座和格架中也发现了碎屑。分析认为，造成开放式包壳缺陷的主要原因为围板射流；造成致密缺陷的原因是流致振动造成的格架-燃料棒磨蚀或异物磨蚀。

纠正行动：①实施反应堆容器向上流转换（UFC），以消除造成围板射流的压力梯度；②优化燃料组件设计以提高格架-燃料棒磨蚀或异物磨蚀的裕量；③开展燃料棒重组，将堆芯围板附近位置的 7 根燃料棒更换为能够抵抗围板射流的不锈钢棒；④将燃料组件 AD11 的燃料棒断裂部分从燃料输送通道的底部回收，暂时存放在乏燃料池的滤网篮内，并为断裂燃料棒的永久贮存封装编制了一份封装规范；⑤监管单位要求在机组重新运行前，电厂必须编制一份扩展的破损燃料行动计划，说明在下一个燃料循环期间，如果出现有开放式缺陷的燃料泄漏应采取的适当行动。由于堆芯方案改变和在堆芯中使用重组燃料，考虑到不锈钢棒在重组燃料中的影响，针对第 27 循环开展了修订的换料安全评估。

（6）美国某核电厂 2 号机组燃料包壳破损，芯块碎片掉落（PWR）

事件描述：美国某核电厂第 11 循环后，对 2 号机组卸载的燃料进行计划检查，在组件 L56 和 L59 中发现部分燃料棒包壳破损。每个组件中可能有 1~4 根燃料棒包壳发生破损，主要原因是燃料棒和格架、格架弹簧和挡板之间存在振动。振动是由水通过堆芯挡板和接头开口引起的。在第 11 循环中，组件 L56 位于堆芯位置 M6，组件 L59 位于堆芯位置 Fl。这些位置位于外侧槽口型堆芯挡板角旁边。1985 年 11 月 2 日，目视检查了挡板接头，证明堆芯角开口。目视检查下部堆芯支撑板，发现从损坏的燃料棒中掉落燃料芯块碎片。

L56 组件大部分损坏仅发生在南面西南角的第二根棒。这根棒在第 2 层格架上方处被彻底切断，第 3 层格架处的包壳被磨穿，第 3 层和第 4 层之间的包壳由于过度向挡板弯曲而磨损，第 4 层和第 5 层格架处包壳显示出与格架的磨损迹象，第 6 层格架弹簧磨损，破损棒落在下管座上。

L59 组件主要是西侧北边的燃料棒破损。西侧 2 号棒在第 1 层格架下面被磨穿，第 4 层格架处弹簧断裂、格架上下方都有磨蚀，2 号棒落在下管座上。北面 14 号棒在第 5

层格架处有轻微磨蚀。在 1 号、2 号、3 号、4 号棒之间的第 3 层格架上方发现 3 个燃料芯块，1 号、2 号、3 号棒之间的第 4 层格架和 3 号、4 号棒之间的第 5 层格架上方发现燃料芯块碎片。

事件原因：两组燃料组件破损的原因均可能是堆芯围板射流。

纠正行动：采取措施找到和移出掉落的燃料芯块，除一些无法移出的细小燃料碎片外，反应堆压力容器中没有可见的燃料芯块或碎片。在堆芯旁流通道增加折流板。

（7）瑞典某核电厂 2 号机组燃料棒破损、芯块丢失（BWR）

事件描述：1988 年 8 月，在气体活度水平增加一个月后，瑞典某核电厂 2 号机组反应堆冷却剂活度浓度稳定在约 0.032 μCi/mL I-131 当量（低于 1.0 μCi/mL I-131 当量的运行限值）。此外，Xe-133 的废气活度水平增加了约 200 倍，但仍在运行限值内。在随后的换料嚯吸检查中发现，共 4 组在第 1 循环中燃料组件存在破损（每组 1 根），4 根燃料棒在堆芯对称分布。破损组件为 ABB-Atom 生产的 SVEA 64 型燃料组件。目视检查发现，靠近中心的燃料棒包壳破损严重，燃料棒氧化严重，4 根破损的燃料棒在底层格架下部断裂，燃料芯块丢失。破损燃料棒具有典型的内部氢化损伤特征，相邻燃料棒完好无损。

事件原因：调查确定，燃料缺陷发生在稳态运行期间，是由于局部超过临界热流密度限值而发生偏离泡核沸腾。由于燃料组件再次入堆的重复使用以及使用不同尺寸的燃料组件，导致燃料通道过度弯曲，发生偏离泡核沸腾。用于热流密度监控的计算机程序不够保守也导致了该问题的出现。

纠正行动：在短期内，将临界热流密度的运行限值从 1.24 提高到 1.65，以补偿燃料通道弯曲。修改计算机代码，以补偿通道弯曲和使用不同燃料组件设计的局部功率影响。

7.1.3   燃料棒破损核安全影响

7.1.3.1   燃料棒随机破损

燃料棒发生少量的随机破损未超出核电厂设计和安全分析的范围，放射性物质的释放量在净化系统的净化能力之内，不影响核电厂安全运行，仅可能对核电厂的运行经济性和公众接受度有一定影响。

7.1.3.2   燃料棒系统性破损

燃料棒发生系统性破损超出了核电厂设计和安全分析的范围，会对核电厂安全造成重大影响。

1）核电厂在正常运行和预计运行事件中，不允许燃料棒发生系统性破损。如在正常运行中发生系统性破损,将超出核电厂正常运行的设计基准。

2)核电厂在事故工况下,要求不会低估燃料棒破损的数目,且不能妨碍控制棒插入堆芯,堆芯始终保持可冷却性。燃料棒如果在正常运行工况下发生系统性破损,将动摇事故分析的基础,分析评价模型可能不再适用,分析评价的结论不再可信,运行安全将难以保证。

7.2　燃料组件损伤

7.2.1　燃料组件变形

7.2.1.1　事件描述

国内某 VVER-1000 型机组,初始设计的燃料组件类型为 AFA(也称 UTVS 型)。根据 2011 年关于 VVER-1000 型机组运行经验反馈,AFA 燃料组件变形对控制棒落棒时间有一定影响。通过燃料循环结束时在热态工况下进行控制棒落棒试验,可对燃料组件变形情况进行间接评估,并根据试验结果,必要时对下一燃料循环的燃料装载方案进行适当调整。该机组在 T105 大修热停堆状态进行了控制棒落棒试验,结果发现有部分控制棒出现卡滞,不满足控制棒落棒时间的验收准则(准则为 1.2~4 s)。

7.2.1.2　原因分析

经过各项检查与原因分析,排除了控制棒驱动机构性能异常、异物、控制棒辐照肿胀/变形/损坏等影响因素,最终通过实施燃料组件变形检查及国外同类型机组经验反馈,确定 AFA 类型燃料组件变形量大是控制棒落棒卡滞的根本原因。

7.2.1.3　改进措施

采取的改进措施如下:

1)引入高性能 TVS-2M 型燃料组件来替代 AFA 型燃料组件,从根本上解决控制棒落棒卡滞问题。

2)持续进行循环末期热态(大修热停堆)落棒试验。从历次寿期末控制棒落棒试验的情况来看,在长周期过渡循环前,寿期末落棒试验会出现一定数量的控制棒下落卡滞的异常情况,均为 AFA 类型燃料组件;在长周期过渡循环期间,随着堆芯中的 AFA 型燃料组件逐步更换为 TVS-2M 型燃料组件,寿期末热态落棒试验中控制棒卡滞问题逐渐消除。

3）进行燃料组件变形检测。在出现落棒异常的大修期间，选取典型燃料组件进行变形检测。结果表明，在运行相同燃料循环的情况下，TVS-2M 型燃料组件变形量明显小于 AFA 型燃料组件。

4）控制棒在燃料组件中抽插的摩擦力测量。在各次大修期间、控制棒驱动杆连接过程中实施的控制棒在燃料组件中抽插的摩擦力测量结果表明，TVS-2M 型燃料组件中控制棒摩擦力明显小于 AFA 型燃料组件；随着全堆芯布置 TVS-2M 型燃料组件，控制棒摩擦力有明显下降趋势。

5）换料设计方案的调整优化。从换料设计方面调整燃料装载方案，将控制棒下落异常所对应的燃料组件在下一循环中布置在无控制棒的位置，以减少由于燃料组件变形偏大而导致落棒卡滞的控制棒数量。

6）实施"将停堆信号与启动应急注硼系统向堆芯注浓硼绑定"的临时措施，以确保反应堆停堆的安全性与可靠性。一旦产生自动停堆信号，将直接触发应急注硼系统向堆芯注入浓硼的动作。

7.2.2　定位格架磨损

7.2.2.1　事件描述

2021 年，国内某核电厂检修期间发现部分燃料组件存在格架磨损及条带脱落现象。其中有一组组件磨损最为严重，其第 4 层格架发生了横向摩擦，格架外条带在摩擦过程中逐渐变薄，并最终断裂。在该组件的第 5 层、第 6 层格架也存在格架外条带磨损的痕迹（图 7-5）。

图 7-5　格架磨损

7.2.2.2 原因分析

燃料组件格架磨损的初步原因分析是由于组件低频振荡,引起相对于重反射层的横向运动,从而导致格架条带的磨损。组件低频振荡来源于入口流体脉动,这种堆芯边缘的低频入口流体脉动会引起堆芯下部横流波动,从而导致组件的准静态低频振荡。

7.2.2.3 改进措施

该核电厂提出的解决方案是改进设计以增加燃料组件的刚度(改变导向管材料并加厚、改进格架与导向管的焊接方式)、优化堆芯装载(布置在外围的组件下一循环不再布置在外围、调整组件的弯曲方向等)和改进堆芯下部的流场。

7.2.3 定位格架导向翼受损

7.2.3.1 事件描述

国内某核电厂大修卸料期间,燃料操作人员发现一组燃料组件的定位格架外围导向翼存在异常,随后对其进行水下电视检查确认该组件的第 4 层定位格架外围导向翼局部卷曲变形。卸料结束后的乏燃料检查过程中,又陆续发现 6 组燃料组件的定位格架外围导向翼受损(图 7-6)。

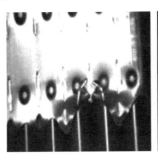

图 7-6 导向翼受损

7.2.3.2 原因分析

原因分析认为燃料组件格架导向翼受损是装料过程中格架相互间的钩挂造成的。格架钩挂是燃料组件变形、换料机保护功能不完善、燃料格架设计上的不完善等因素综合作用的结果。

7.2.3.3 改进措施

对换料机实施改造,新换料机的欠载保护区域覆盖了装料全程,从而最大限度降低定位格架损伤的可能性和减轻受损程度。

对燃料组件格架导向翼设计进行改进，提高燃料装卸工作的可操作性能。图 7-7 是改进前定位格架、图 7-8 是改进后定位格架。

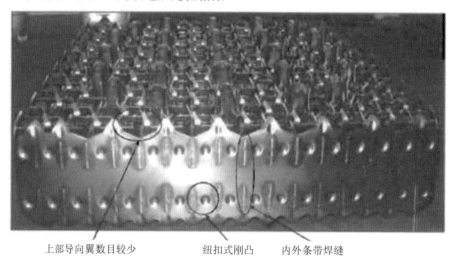

上部导向翼数目较少　　　纽扣式刚凸　　内外条带焊缝

图 7-7　改进前定位格架

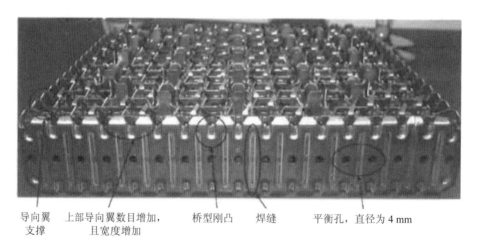

导向翼支撑　上部导向翼数目增加，且宽度增加　　桥型刚凸　焊缝　　平衡孔，直径为 4 mm

图 7-8　改进后定位格架

7.2.4　燃料组件卡在堆芯上栅格板

7.2.4.1　事件描述

法国某核电厂在吊起堆芯上部构件时，发生过燃料组件卡在堆芯上栅格板的异常事件（图 7-9）。

图 7-9　燃料组件卡在堆芯上栅格板异常情况

7.2.4.2　原因分析

经分析，该异常事件是因为堆芯装料时，换料机的一个滚珠掉落在堆芯下栅格板，并被燃料组件下管座支腿压住，导致燃料组件有所倾斜，堆芯上栅格板的销钉未能正确插入上管座 S 孔，卡涩在管座凸台与板弹簧之间。

7.2.4.3　改进措施

设置针对性检查措施，装料前对堆芯下栅格板进行检查，装料后对上管座间隙进行检查，以避免类似异常事件的发生。

7.3　相关组件损伤

7.3.1　控制棒包壳磨损

7.3.1.1　事件描述

国内某 AP1000 型核电厂开展了多次控制棒组件池边检查，发现了较为普遍的黑控制棒过度磨损情况，极个别棒出现了磨穿现象。

在其控制棒池边检查中共检查 69 束控制棒（共 1 656 根单棒），其中 56 束控制棒上存在包壳磨损的缺陷显示。

存在缺陷显示的控制棒中：

①共有 380 处包壳磨损缺陷显示，分布在 56 束控制棒的 270 根单棒上；

②有 54 处缺陷深度≥50%，分布在 25 束控制棒的 49 根单棒上，包括 1 处包壳磨损穿孔缺陷，包壳穿孔缺陷的详细情况见图 7-10；

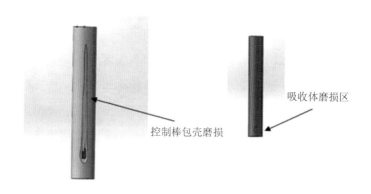

吸收体磨损区

控制棒包壳磨损

图 7-10   控制棒包壳磨损示意图

③磨损深度≥50%的缺陷主要分布在长期停留在堆顶的控制棒上；

④包壳最大截面损失率为 18%。

7.3.1.2   原因分析

影响控制棒寿命并可能造成控制棒失效的因素主要包括磨损、肿胀与裂纹 3 种，通常控制棒肿胀和裂纹出现在控制棒使用寿期末，而包壳磨损在整个寿期都会出现。20 世纪 90 年代末，世界各国核电厂开始发现并研究控制棒包壳磨损问题，开展了大规模池边检查和部分热室检查，获取了磨损典型位置、损伤特征、发生规律等重要信息。基于大量检查数据的分析，可将控制棒包壳磨损分为滑动磨损和微动磨损。滑动磨损主要发生在需要频繁进行上下步进运动的控制棒组件，磨损位置主要在控制棒端部。微动磨损主要发生在长期悬停的控制棒组件，磨痕主要分布在控制棒与导向板、连续导向板的接触位置。

设计方西屋公司认为出现控制棒（RCCA）磨损是预期的现象，该现象与 20 世纪 80 年代在运压水堆机组上所观察到的磨损一致。那时，美国众多西屋公司压水堆核电厂也发现同样的问题，最终通过合适的 RCCA 堆芯位置倒换和轴向高度调整，RCCA 磨损问题在所有运行的电厂和后续电厂得到解决。

从控制棒组件运行历史和池边检查数据分析结果可以看出，磨损严重的控制棒组件均长期处于悬停状态。通过分析控制棒包壳磨损的轴向位置，发现控制棒的磨损在轴向上是不连续的，主要集中在几个特定高度，与上部堆内构件控制棒导向筒中各个导向板的位置相当。基于控制棒包壳磨损的分布规律，结合控制棒及上部堆内构件的结构，可知控制棒包壳磨损主要来自为长期处于全提棒位的控制棒与堆芯导向筒中导向板之间的微动磨损。

控制棒是细长的柔性结构，在堆内冷却剂冲刷下，会产生微幅振动并与连续导向板、导向筒等支撑结构发生碰撞、刮擦，从而导致控制棒包壳产生微动磨损。

基于原设计方西屋公司的反馈，不同设计配置的美国电厂也曾经历不同程度的 RCCA 磨损。电厂的不同固有设计特征（如燃料组件阵列的尺寸、环路的数量等）会影响每个运行循环的预期磨损量。原设计方西屋公司分析认为控制棒包壳磨损属于预期现象，针对长期处于反应堆顶部的控制棒，可采用大修期间控制棒堆芯位置倒换及控制棒轴向高度定期调整的方式，缓解导向板对于控制棒同一位置的磨损，这些做法是美国各核电厂的通用做法。

7.3.1.3　改进措施

针对上述事件，开展了补充事故分析评价和改进措施：

（1）开展补充事故分析评价

基于检查结果评价，部分控制棒不满足原设计方西屋公司提出的验收准则："预测下一循环寿期末距离下端塞焊缝 445.5 mm 以上的吸收体区域的最小剩余壁厚大于 0.1 mm"，为此原设计方西屋公司补充进行了针对性的事故分析，确保部分位置（共 9 束）的控制棒即使出现包壳穿孔，仍能确保反应堆的运行安全。

基于分析评估，磨损对于事故条件下控制棒完整性的影响，主要考虑可能会出现的控制棒包壳磨穿现象，这时假设黑棒（AIC）吸收体材料暴露在反应堆冷却剂中，其最严重的后果为：在一定的事故条件下，AIC 达到熔点 800℃，导致熔融物质从包壳中释放出来，随后 AIC 吸收体和燃料组件合金材料之间发生共晶反应，进而致使堆芯冷却能力受到影响。具体的事故分析影响过程，针对 LOCA 事故和非 LOCA 事故，可分为以下几类：

①非 LOCA 事故条件下 AIC 吸收体完整性的评价；

②小破口（SBLOCA）事故条件下 AIC 吸收体完整性的评价；

③大破口（LBLOCA）事故条件下 AIC 吸收体完整性的评价。

针对性的事故分析结果表明，上述三类事故条件下，不会发生 AIC 熔化，AIC 不会泄漏出控制棒包壳。

（2）控制棒更换和位置倒换

使用备用控制棒对 11 束预测下一循环寿期末最小剩余壁厚不足 0.1 mm、同时不满足补充事故分析验收准则的控制棒进行了更换。

根据控制棒检查情况及补充事故分析结果，对 RCCA 堆芯位置进行了倒换。

（3）RCCA 轴向高度调整

基于国外核电厂的经验，对控制棒组件进行全提棒位调整，从而分散控制棒包壳磨损面、避免局部位置过度磨损。

7.3.2　控制棒落棒时间超差

7.3.2.1　事件描述

1995 年，国内某 M310 核电厂在换料后再启动过程中，于热停堆状态下进行了控制棒落棒试验，结果表明，落棒时间 T5（从开始下落至到达缓冲段入口处的时间）与调试结果相比平均增加了 0.3 s，并且发现 53 组控制棒中有 7 束控制棒组件的落棒时间 T5 超出了 2.15 s 的安全准则要求，在 H12 位置的落棒时间 T5 最长，达到 3.17 s。

7.3.2.2　原因分析

通过使用标准棒及 7 个 P4 导向筒的落棒试验和在法国完成的补充台架试验综合分析，认为该核电厂控制棒落棒时间超差的原因主要为：在侧推力作用下，随着控制棒累积走步增多，导致导向筒与控制棒间摩擦增加，由此导致控制棒下落时间的延迟。此外，试验又发现：当渗氮棒置于曾长时间与标准棒磨合的导向管中经约 6.5 万步摩擦后，摩擦系数增大到 3 倍。因此，无论标准棒还是渗氮棒，只要与 M1 导向筒结合，都避免不了因长时间磨合带来的阻力大增。该事件的根本原因是设计原因，即使用了未被试验验证的新型 M1 导向筒。所以解决问题的长期方案应是修改更换 M1 导向筒。

7.3.2.3　改进措施

将所有的 M1 导向筒替换成修改后的 P4 导向筒，采用 53 组渗氮控制棒布置，并仍采用 2.15 s 的原验收准则。

7.3.3　控制棒组件 Ag-In-Cd 吸收棒肿胀

7.3.3.1　事件描述

国内某 M310 核电厂在控制棒下落过程中，温度调节棒组（R 棒组）中有两束棒未完全落入堆底，两束棒均卡在距堆底 24 步（燃料组件导向管缓冲段的中部）的位置，距缓冲段起始点约 14 步。

7.3.3.2　原因分析

结合国外控制棒运行经验反馈，以及对上述卡涩控制棒的涡流检查，控制棒组件无法正常落底的原因是控制棒组件吸收棒内 Ag-In-Cd 吸收体芯块在长期辐照的作用下发生肿胀，并引起外部不锈钢包壳肿胀，从而造成控制棒与燃料组件导向管之间的卡涩。

7.3.3.3　改进措施

优化控制棒组件管理策略，对堆芯内不同类型的控制棒组件的服役年限进行精细化分类管理，避免在更换周期内出现肿胀。

7.3.4　中子源组件包壳破损

7.3.4.1　事件描述

国内外核电厂均发生过二次中子源组件在接近寿命时，包壳裂纹破损，如图 7-11 所示。该类事件造成一回路 Sb 污染，增加大修人员受照剂量。

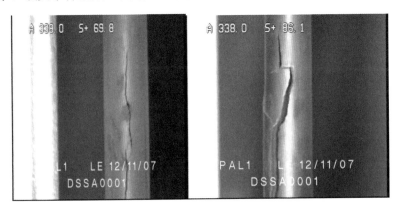

图 7-11　中子源组件包壳破损

7.3.4.2　原因分析

中子源棒长期在堆芯内部运行，受中子辐照的影响，包壳脆化产生裂纹，并进一步发展为包壳破损。

7.3.4.3　改进措施

控制二次中子源组件的堆内运行寿命，在寿期前更换。

第8章

展望

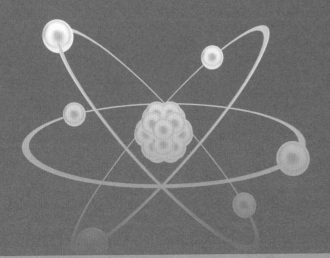

我国对核燃料组件的制造需求非常庞大，按照核电发展的趋势，根据预测，到 2040 年，我国对核燃料组件制造的需求将达到 3 191.2 t，2050 年将达到 4 151.2 t。届时，我国将成为世界上压水堆燃料制造规模最大的国家。

国内运行的和在建的压水堆核电机组所使用的燃料组件，除秦山一期外，几乎全部采用国外引进的设计和制造技术，虽然燃料组件的制造实现了国产化，但是核心技术、主要原材料和零部件仍然依靠进口。例如，对于使用量最多的 AFA 3G 燃料组件，其包壳管、格架条带、控制棒导向管等关键部件，都需要从法国阿海珐进口。

实现燃料组件的自主化设计和制造，是保证国内核电机组燃料组件的安全供应、满足核电机组出口的战略要求。

8.1 锆材国产化

锆合金材料的国产化与自主化对发展核能具有十分重要的意义。锆材与核技术相关，是一个特殊的产业，锆材尤其是核用锆管材是高科技产品，投资规模大，技术水平要求高，产品质量严格，目前世界上主要核电生产国中，美国、法国、德国、日本、俄罗斯都有自己的燃料元件厂和锆材生产厂，并与燃料生产厂结合形成产业集团，形成了高度集中的格局。

我国在 20 世纪 60 年代末和 70 年代初发展起来的锆材研究和生产技术由于长期没有生产任务，在相当长一段时间内，几乎处于停顿状态。"九五"期间，国家支持西北有色金属研究院和宝鸡有色金属加工厂配套建设具有国外 20 世纪 90 年代先进水平的专业锆管厂。总体来看，我国锆材及其加工生产水平与国外有较大差距。主要差距在于加工、检测和精整设备落后，生产规模小，成品率低。加工锆材的设备与其他材料加工混用，不符合核级技术标准。目前的小规模、低效益经营和重复建设的局面，不符合国内的锆材市场情况，不但浪费资金，而且各个厂都将达不到经济规模，成本必然上升，达不到利用锆材国产化降低燃料组件成本的目的。

我国核电快速发展对核级锆材的迫切需求不言而喻。与其他有色金属材料相比，锆材的生产规模相对小，但由于它是发展核能的关键材料，在国民经济和国防建设中有特殊地位，应给予特别的重视和扶植政策。

我国在整合资源方面作出了重大努力。目前，国核宝钛锆业有限公司（以下简称国核锆业），旨在整合国内现有锆材生产资源，受让美国西屋公司的全套核级锆材生产加工技术，建成包括核级海绵锆在内的我国完整的核级锆材产业体系，该体系包括海绵锆生产、锆合金熔炼、坯料制造、板带材制造、管棒材制造等。此外，由西北有色金属研究院发起，西安工业资产经营有限公司、中信金属有限公司等股东共同出资成立了西部新锆核材料科技有限公司（以下简称西部新锆）。上述锆业公司的成立是为实现核级锆材的国产化、自主化，并最终实现我国核级锆材完全自主供应，保障我国核能发展需求。

锆及锆合金材料是发展核能的关键材料，在国民经济、国防建设和社会发展中有极其重要的作用和地位。锆材的生产是一种高技术产业，我国是世界上少数几个掌握核用锆材生产技术的国家之一，形成了一整套产业体系，具有一定基础。锆材的发展与核电市场息息相关，我国正在大力发展核电，核安全和反应堆技术的发展对锆材提出更高要求，高性能锆合金的研究与开发是前沿课题；解决关键工艺技术、提高加工水平是中心环节；恢复海绵锆生产和建设先进水平的锆管厂是锆材发展的重要举措。由于锆材与核技术相关，是一个特殊的产业，从锆材这一特殊市场情况出发，从国家整体利益和核电事业发展出发，以需求索引为原则，对燃料组件、锆材生产进行统一规划，走联合发展之路，像国外那样，进行集团化、集约化经营，形成拳头，实现我国核电国产化、锆材国产化，进而跻身国际市场才有前景。

8.2 先进核燃料组件的研制

我国核电起步较晚，秦山一期和大亚湾核电厂的燃料组件批平均卸料燃耗分别只有25 GWd/tU 和 33 GWd/tU，国内核电厂实施 18 个月换料改造后，AFA 3G 燃料组件批平均卸料燃耗达 45 GWd/tU，但距目前国际上压水堆燃料组件普遍已达批平均卸料燃耗50 GWd/tU，仍有较大差距。在国家积极发展核电的方针指导下，"引进、消化、吸收、再创新"已成为我国发展核电技术的战略举措。先进核燃料组件自主化是核电技术自主化工作中极其重要的一环，也是实现先进核电技术自主化工作所必需的。这是因为燃料组件是核电站的能量来源，燃料费用也构成了核电站的主要运行成本，所以燃料组件技术是最关键的核电技术之一，先进核燃料组件的性能好坏直接影响核电站的经济效益。这体现了我国研究与发展先进燃料元件任务的艰巨性。

先进核燃料组件自主化的另一个意义在于随着核电产业的不断发展。核电市场将持续扩大，燃料组件的标准化也将促使燃料市场更加开放，自主化的先进核燃料组件将成为保全国内燃料市场、参与国际燃料市场竞争的关键筹码。要实现先进核燃料组件自主化，需要建立燃料组件自主化研发平台和燃料组件研发体系，燃料组件研发平台和体系是保证实现先进核燃料组件自主化，并且可持续发展的硬件保障和系统支撑。

我国先进燃料元件的进一步研究与发展，既要依据国内现有的基础，又要吸收国外相关研究与发展的经验。国外先进燃料元件的研究动向是，面对当今电力市场激烈竞争的形势，世界各国各公司为了抢占核电市场，一方面致力于开发先进的燃料元件，加快更新换代的步伐，最大限度地满足用户要求；另一方面对组织机构进行重组以提高竞争能力。

国际上对先进燃料的不断改进和优化一直处于非常活跃的状态。以美国和法国为代表的核电先进国家在核燃料领域经过多年的设计、研究、试验和运行反馈，已经积累了相当丰富的经验，可为我国燃料组件的研发和制造提供非常好的借鉴经验和参考模式。

目前，国际上先进核燃料组件研发的主要目标是"长循环、低泄漏、高燃耗、零破损"，集安全性和经济性于一体，为核电厂用户提供更为先进的核燃料。长循环、低泄漏和高燃耗均是与核电厂的经济性密切相关的技术指标。所谓长循环是指核电厂单次燃料循环周期要尽量长；低泄漏指的是核燃料的中子的利用率较高；高燃耗指的是燃料组件卸料燃耗较高；零破损指的是从设计上要保证燃料组件不发生破损，保证燃料组件在堆内的安全性。

基于我国国情和上述国外研究动向，我国拟定的目标是：逐步使国产化的压水堆高性能燃料组件具备批平均卸料燃耗达到 60 GWd/tU 的能力，达到国际先进水平，并形成具有自己知识产权的自主设计、自主制造和自主科研开发能力的体系。

先进核燃料组件是一种产品，最终是要用到核电厂反应堆中，与其他工业产品相类似，先进核燃料组件的研发也是一项需要多专业、多部门共同参与的综合性系统工程，主要工作环节包括设计、试验、制造 3 个方面，每个方面并不是独立的，需要相互之间密切合作，共同推进研发工作向前发展。

根据需求和现实条件，使我国高性能燃料元件研究与发展尽快形成自主设计、自主制造和自主科研开发体系。即能借鉴国外的先进开发、使用经验和发展趋势，紧密结合我国实际情况，较快地开发、设计和制造出创新产品，并做到有所发现、有所创新、有所前进、纳入自主良性循环和持续发展的轨道。轻水堆燃料元件这一高科技商品同其他商品或事物一样，其研究与发展是无止境的，必将随着时间的推移，不断涌现出让用户满意的高新技术产品，使之在激烈竞争中立于不败之地，不断为我国核电事业稳步发展及全球核能事业蓬勃发展作出新贡献。

参考文献

[1] 广东核电培训中心. 900 MW 压水堆核电站系统与设备[M]. 北京：原子能出版社，2005.

[2] 肖岷，等. 压水堆核电站燃料管理、燃料制造与燃料运行[M]. 北京：原子能出版社，2009.

[3] 任德曦，王成孝. 核工业经济导论[M]. 北京：原子能出版社，1992.

[4] 陈宝山，刘承新. 轻水堆燃料元件[M]. 北京：化学工业出版社，2007.

[5] 陈济东. 大亚湾核电站系统与运行[M]. 北京：原子能出版社，1995.

[6] 濮继龙. 大亚湾核电站运行教程[M]. 北京：原子能出版社，1998.

[7] 李冠兴. 我国核燃料循环前端产业的现状和展望[J]. 中国核电，2010，3（2）：102-107.

[8] 周永忠. 压水堆核燃料制造及中孔环形燃料芯块的研制[D]. 成都：四川大学，2005.

[9] 林辉. 中核建中：第四次跨越[J]. 中国核工业，2014（7）：25-27.

[10] 舒良国. AFA 3G 制造国产化项目进度管理研究[D]. 成都：电子科技大学，2008.

[11] 彭青山. 标准与核燃料组件国产化[C]. 中国国防工业标准化论坛会议论文集，2007：219-221.

[12] 陈宝山. 我国压水堆核电燃料元件的发展[J]. 原子能科学技术，2003，37：10-14.

[13] 朱丽兵，周勤，周云清，等. 先进核燃料组件自主化研发的探讨[C]. 中国核能可持续发展会议论文集，2010：239-243.

[14] 赵文金. 法国压水堆燃料元件新一代包壳材料的发展[J]. 核动力工程，2000，21（3）：278-283.

[15] 刘承新. 锆合金在核工业中的应用现状及发展前景[J]. 稀有金属快报，2004，23（5）：21-23.

[16] 袁改焕. 核电站用锆合金技术的发展及国产化研究[C]. 耐蚀金属材料第十一届学术年会论文集，2008：301-305.

[17] 周勤，朱丽兵，曾奇锋. 核燃料元件用先进锆合金材料自主研发[C]. 中国核能可持续发展会议论文集，2010：244-248.

[18] 袁改焕，李恒羽. 锆材在核电站的应用[C]. 第二届中国锆铪行业大会文集，2006：35-37.

[19] 喻杰. 锆的核应用与我国锆材加工技术[J]. 机械制造，2009（5）：48-50.

[20] 贺云德，王永刚. 国核技：先发优势，突破核锆技术壁垒[J]. 中国核工业，2014（4）：60-61.

[21] 赵文金. 核工业用高性能锆合金的研究[J]. 稀有金属快报，2004，23（5）：15-18.

[22] Eucken C M，Finden P T，et al. Zirconium in the Nuclear Industry[C]. 8 th International Symposium，ASTM STP 1023，Van Swam，L.F.P. and Eucken，C.M.，Eds.，American Society for Testing and Materials，Philadelphia，1989：113.

[23] IAEA-TECDOC-996，Waterside corrosion of zirconium alloys in nuclear power plants[Z]. ISSN 1011-4289 IAEA，VIENNA，1998.

[24] Yamate K，Oe A，Hayashi M，et al. Burrup Exteension of Japanese PWR Fuels[Z]. ANS Fuel Performance Conference in Portland（USA），1997.

[25] Mimura K，Lee S W，Isshiki M. Removal of alloying elements from zirconium alloys by hydrogenplasma—arc mehing[J]. Journal of Alloys and Compounds，1995，221：267-273.

[26] Yilmazbayhan A，Motta A T，Comstock R J，et al. Structure of zirconium alloy oxides formed in pure water studied with synchrotron radiation and optical microscopy：relation to corrosion rate[J]. Journal of Nuclear Materials，2004，324：6-22.

[27] Bojinov M，Karastoyanov V，Kinnunen P，et al. Influence of water chemistry on the corrosion mechanism of a zirconium-niobium alloy in simulated light water reactor coolant conditions[J]. Corrosion Science，2010，52：54-67.

[28] 王峰，王快社，马林生，等. 核级锆及锆合金研究状况及发展前景[J]. 兵器材料科学与工程，2012，35（1）：107-110.

[29] 陈宝山. 核燃料组件用锆材国产化与发展[C]. 中国核能可持续发展会议论文集，2010：93-98.

[30] 焦永刚，李中奎，周军，等. 简析核级锆材标准体系建设[J]. 标准研究，2014（4）：23-29.

[31] 周军，李中奎. 轻水反应堆（LWR）用包壳材料研究进展[J]. 中国材料进展，2014，33（9-10）：554-559.

[32] Jeong Y H，Park S Y，Lee M H，et al. Out-of-Pile and In-Pile Performance of Advanced Zirconium Alloys（HANA）for High Burn-Up Fuel[J]. Journal of Nuclear Science and Technology，2006，43（9）：977-983.

[33] Hayner G O，Shaber E L，Mizia R E. Idaho National Engineering and Environmental Laboratory[J]. Idaho：Idaho Falls，2004.

[34] 刘建章，田振业. 我国锆材的现状和展望[J]. 稀有金属材料与工程，1998，27（增刊）：9-15.

[35] 李中奎，刘建章. 中国核用锆铪材料的现状和未来发展[J]. 稀有金属快报，2004，23（5）：10-14.

[36] 张长义，宁广胜，杨启法，等. M5 合金包壳管高温爆破性能[C]. 中国核学会核材料分会会议论文集，2007：98-100.

[37] 周静，王正品，高巍，等. M5 合金室温爆破性能研究[J]. 铸造技术，2010，31（4）：433-436.

[38] 王朋飞，赵文金，陈乐，等. N36 锆合金包壳管的高温蠕变行为[J]. 稀有金属材料与工程，2015，44（5）：1149-1153.

[39] 闫萌，彭倩，王朋飞，等. N36 锆合金包壳管周向拉伸试验方法研究[J]. 核动力工程，2012，33（增刊 2）：13-16.

[40] 贾琦，蔡力勋，包陈，等. 锆合金薄壁细管的单调拉伸与低周疲劳试验研究[J]. 原子能科学技术，2010，44（6）：712-717.

[41] 彭倩，沈保罗. 锆合金的织构及其对性能的影响[J]. 稀有金属，2005，29（6）：903-907.

[42] 丁学锋，杜彦亭，刘建章，等. 管材内压闭端爆破测试系统的研制[J]. 原子能科学技术，2003，37（增刊）：98-101.

[43] 姚美意. 合金成分及热处理对锆合金腐蚀和吸氢行为影响的研究[D]. 上海：上海大学，2007.

[44] 马林生，王快社，岳强，等. 核反应堆用锆合金性能分析[J]. 金属世界，2014（5）：38-42.

[45] 王德华，袁改焕，李恒羽. 核用锆合金管材爆破试验工艺的改进[J]. 稀有金属快报，2006，25（10）：36-38.

[46] 贾琦，蔡力勋，包陈. 考虑循环塑性修正的薄片材料低周疲劳试验方法[J]. 工程力学，2014，31（1）：218-223.

[47] GB/T 15248—2008，金属材料轴向等幅低循环疲劳试验方法[S]. 北京：中国标准出版社，2008.

[48] ISO 12106—2003，Metallic materials-fatigue testing-axial-strain-controlled method [S]. International Organization for Standardization，2003.

[49] E606-2004e1，Standard practice for strain-controlled fatigue Testing[S]. ASTM International，2005.

[50] Benedetti M，Fontanari V，Santus C，et al. Notch fatigue behaviour of shot peened high-strength aluminium alloys：Experiments and predictions using a critical distance method [J]. International Journal of Fatigue，2010，32（10）：1600-1611.

[51] Yustianto Tjiptowidjojo，Craig Przybyla，Mahesh Shenoy，et al. Microstructure-sensitive notch root analysis for dwell fatigue in Ni-base superalloys[J]. International Journal of Fatigue，2009，31（3）：515-525.

[52] 马林生，王快社，岳强，等. 三种核电用锆合金性能分析[J]. 动力工程学报，2014，34（10）：833-836.

[53] 彭继华，李文芳. 织构对锆合金内压蠕变性能的影响[J]. 特种铸造及有色合金，2007，27（7）：499-501.

[54] GB/T 4338—2006，金属材料   高温拉伸试验方法[S]. 北京：中国标准出版社，2007.

[55] GB/T 228.1—2010，金属材料   拉伸试验第 1 部分：室温试验方法[S]. 北京：中国标准出版社，2011.

[56] GB/T 728—2010，锡锭[S]. 北京：中国标准出版社，2011.

[57] GB/T 3630—2006，铌板材、带材和箔材[S]. 北京：中国标准出版社，2006.

[58] GB/T 8769—2010，锆及锆合金棒材和丝材[S]. 北京：中国标准出版社，2011.

[59] GB/T 9971—2004，原料纯铁[S]. 北京：中国标准出版社，2004.

[60] GB/T 15248—94，金属材料轴向等幅低循环疲劳试验方法[S]. 北京：中国标准出版社，1994.

[61] YS/T 397—2007，海绵锆[S]. 北京：中国标准出版社，2008.

[62] Genin. Ch. All M5 AFA 3G（AFA 3G-AA）fuel assembly thermal hydraulic differences with the current AFA 3G-Topical report[Z]. FFDC02563，2006.

[63] Valsesia. C. All M5^{TM} AFA 3G reactor operation experience feedback. FFDC03352，2006.

[64] 刘昌文. 大亚湾核电站 18 个月换料堆芯热工水力设计[J]. 核动力工程，2002，23（5）：29-31.

[65] 林诚格. 非能动安全先进压水堆核电技术[M]. 北京：原子能出版社，2010.

[66] 朱继洲. 核反应堆安全分析[M]. 北京：原子能出版社，1988.

[67] 俞冀阳. 反应堆热工水力学[M]. 北京：清华大学出版社，2003.

[68] 杨文斗. 反应堆材料学[M]. 北京：原子能出版社，2000.

[69] A. Palussiere J C. AFA 3G：The New Fuel Assembly Technology in China[M]. 北京：原子能出版社，2002.

[70] 许维钧，马春来. 核工业中的腐蚀与防护[M]. 北京：化学工业出版社，1993.

[71] 二机部科技情报所. 国外核电站压水堆燃料元件设计[M]. 北京：原子能出版社，1980.

[72] D Charquet，et al. ASTM-STP 939[Z]. 1987.